IP 时代的 PI 策略

——国家级工业设计中心"小熊电器"的PI 设计策略研究

蒋红斌 / 著

清华大学出版社

北京

内 容 简 介

我国正处于"中国制造"向"中国创造"伟大转型的历史阶段，工业设计如何将产品品牌、企业文化、市场拓展和设计管理等因素有机地整合在一起，是工业设计实践的难点与要点。

在此背景下，本书将新时代 IP 文化与企业产品 PI 设计策略有机融合，聚焦消费者的情感、产品文化创新和企业面对"多品线""多品种""多类型"交织的海量产品设计创新要求，在清华大学与小熊电器产学研合作专题研究的基础上，探讨企业 PI 设计策略的落地与应用，力求保障设计管理体系与产品文化的深度契合及统一，从而形成一个体系完整的实践指南。

本书希望通过对小熊电器实践案例的解析，系统梳理 PI 设计策略规划和实施的理论与路径，进而为各级工业设计中心的建设提供工作参考，满足企业产品文化和创新系统管理的需要。

图书在版编目 (CIP) 数据

IP时代的PI策略：国家级工业设计中心"小熊电器"的PI设计策略研究 / 蒋红斌著. -- 北京：清华大学出版社，2024. 8. -- ISBN 978-7-302-66904-3

Ⅰ. TB47

中国国家版本馆CIP数据核字第2024S7Q712号

责任编辑：冯　昕
封面设计：金志强
责任校对：赵丽敏
责任印制：杨　艳

出版发行：清华大学出版社
　　　　　网　　　址：https://www.tup.com.cn，https://www.wqxuetang.com
　　　　　地　　　址：北京清华大学学研大厦 A 座　　　　　　　邮　　编：100084
　　　　　社 总 机：010-83470000　　　　　　　　　　　　　　邮　　购：010-62786544
　　　　　投稿与读者服务：010-62776969，c-service@tup.tsinghua.edu.cn
　　　　　质量反馈：010-62772015，zhiliang@tup.tsinghua.edu.cn
印 装 者：小森印刷（北京）有限公司
经　　销：全国新华书店
开　　本：290mm×200mm　　　　　印　　张：11.75　　　　　字　　数：219 千字
版　　次：2024 年 8 月第 1 版　　　　　　　　　　　　　　　印　　次：2024 年 8 月第 1 次印刷
定　　价：128.00 元

产品编号：107392-01

前言

　　知识产权（intellectual property，IP）时代已经悄然而至，这标志着企业面临着前所未有的挑战与机遇。在这个日新月异的市场中，企业若想取得良好的经济效益，必须从传统的产品迭代、品牌宣传的思维中跳脱出来，转到更为全面、系统和深入的产品设计策略上来。其中，产品认知（product identity，PI）系统的设计研究与策略建设，即 PI 设计策略，就是十分重要的一个抓手。

　　PI 设计策略的核心，在于将企业的核心价值与企业战略、品牌文化、市场理念等关键要素融入到产品创新中去。通过独特的设计语言，传达出企业的产品特性和人格化特征，为提升产品价值和认知心理等方面贡献独特的设计作为，为产品走向市场铺平道路。

　　PI 设计策略不仅关注产品的功能、性能、品牌和产品形象之间的有效联结，还注重产品感性特质与产品文化、企业文化以及社会文化内涵之间的高度一致性，强调用户体验、使用方式以及情感价值等方面的协调统一设计。一个优秀的 PI 设计策略，能够为企业塑造独特的认知系统，使其在激烈的市场竞争中赢得消费者的青睐，同时还能为企业的产品创新建立基本的评价准绳和分析体系。

　　清华大学艺术与科学研究中心下属的设计战略与原型创新研究所，是国内最早探索与实践 PI 设计策略的学术机构之一。曾经先后为新大洲摩托、万家乐电器、科龙电器、华帝股份、联想集团、许继电气、华为公司等企业探索和营建企业 PI 设计策略。

　　小熊电器是一家专业从事创意小家电研发、设计、生产和销售的企业。作为一家"创意小家电＋互联网"创新商业模式所驱动的实业公司，其每年推出新产品近 1000 种。庞大的产品设计与拓展的数量，导致产品形象和品牌文化在设计管理上形成了一个价值洼地。因此，小熊电器开始迅速启动关于企业 PI 设计策略的研究专题，并将这个任务委托给设计战略与原型创新研究所。

　　小熊电器的产品设计策略是以年轻、时尚和新颖为主要定位。PI 设计策略则是对内形成一种由抽象名词构建起来的概念，并将其转化成可以评价和指导设计创新的手册性指南。在寻找小熊产品认知调性的同时，巩固其"萌家电"的设计策略塑造方针，使设计创新，小熊电器的产品文化、市场战略，以及企业发展目标等均与消费者通过产品获得的认知相一致。通过企业 PI 设计策略的实施，将设计策略和产品形象控制牢牢地贯彻于不断迭代的产品创新建设之中，使小熊电器在竞争激烈的市场中脱颖而出且调性不变，在获得大量年轻消费者的喜爱和认可的同时，塑造出自己的企业文化和产品文化。

当然，PI 设计策略的成功并非一蹴而就。PI 设计策略需要建立在企业清晰的整体战略基础之上，是在企业强大的市场战略与品牌发展规划下形成的基于产品持续创新的一种设计策略的部署。它需要企业具有高瞻远瞩的战略投入，并将敏锐的市场洞察力转化为深厚的设计功力，将卓越的品牌运营能力转化为系统的设计研究与管理能力。

本书旨在通过国家级工业设计中心建设获批单位——小熊电器的 PI 设计策略专题研究，为 IP 时代背景下企业如何发展新一代 PI 设计策略提供参考和借鉴。希望通过系统分析企业的发展历程、产品认知特征、市场竞品等，从设计策略的工作方法和思路等方面，更好地把握 IP 时代背景下 PI 设计策略的内涵和要点，为更多企业的设计中心启动 PI 设计策略、规划未来发展蓝图提供有力的支持。

IP 时代已经来临，企业的 PI 设计策略将成为其取得市场竞争优势的关键要素。企业只有不断创新、追求卓越，才能在激烈的市场竞争中立于不败之地。希望本书能够为广大企业家和设计师提供企业 PI 设计策略的建设路径、方法和手段，给设计研究带来有益的启示，并共同推动 PI 设计策略在中国企业的发展和繁荣。

最后，衷心感谢清华大学佛山先进制造研究院对本专题的资助，以及清华大学研究团队各位成员的辛勤付出，包括金志强、李青霞、张龄予、闻通等同学，他们怀着热忱的探索精神，倾力投入对小熊电器产品文化的探究与研讨。还要感谢中国工业设计协会专家工作委员会的委员们，他们细致地阅读了我们的研究报告，并对小熊电器的创意小家电定义提出了严谨的调整要求和重新梳理的指导，为本书内容的充实与完善作出了不可或缺的贡献。

蒋红斌

2024 年 4 月

目录

第 2 篇

企业内、外 PI 因素分析
—— 以"小熊电器"企业势能及社会势能洞察为例

第 4 篇

企业 PI 策略应用
—— 以 "小熊电器" 企业 PI 应用规范为例

第**1**篇

IP 时代与跨文化设计
——IP 时代背景研究

　　我们的日常生活已然被多元化的 IP 所环绕。一部火爆的影视剧，一个鲜活生动的角色，乃至角色口中经典的台词，一个时尚品牌，一个独特标识，这些都已化作独特的文化印记，深深地烙印在每个人的心中。与此同时，跨文化设计也在快速发展，随着互联网技术的飞速进步和全球化的日益深入，各国之间的文化交流越发频繁和深入。这使得跨文化设计成为一种不可或缺的趋势，它跨越了地域的界限，融合了不同的文化元素，为我们的世界增添了更多的色彩和活力。

个性表达
主题文化

PI 策略
中国工业设计在企业
做深的方法与路径

IP 时代
The Era of IP

企业愿景
企业核心价值观及企业
未来发展的长远目标

网络世界
工业 4.0
移动互联

第 1 章

关于 IP 时代

ABOUT THE IP ERA

互联网时代的浪潮与移动终端的飞速发展，为泛文化、泛娱乐产业的崛起提供了强大的动力，这也标志着 IP 时代的到来。随着智能手机的普及和移动互联网的快速发展，人们获取信息、娱乐休闲的方式发生了巨大的变化。短视频、直播、社交媒体等新型应用层出不穷，极大地丰富了人们的日常生活。这些应用背后的推动力，正是泛文化、泛娱乐产业的发展，而它们的核心，就是 IP。

在互联网时代，IP 不再仅仅局限于传统的文学、影视、动漫、游戏等领域，而是扩展到了泛文化、泛娱乐产业中。一部热门的网络小说、一个网络红人、一款热门的手机游戏，都可以成为具有巨大商业价值的 IP。这些 IP 通过互联网平台的传播，吸引了大量的粉丝，形成了庞大的粉丝经济。

同时，移动终端的发展也为 IP 的推广和运营提供了便利。智能手机、平板电脑等移动终端设备的普及，使得人们可以随时随地获取和分享信息，这也为 IP 的推广提供了更广阔的空间。通过移动应用、社交媒体等渠道，IP 可以迅速传播开来，吸引更多的粉丝和关注。

因此，结合互联网时代的背景和移动终端的发展，以及泛文化、泛娱乐产业的崛起，我们可以清晰地看到 IP 时代已经来临。在这个时代，拥有和运营有价值的 IP，将成为企业竞争的重要资本，也是实现可持续发展的关键。

1.1　什么是 IP 时代

　　IP，即 intellectual property 的缩写，其原意为知识产权。然而，如今当我们提及 IP 时，更多地是指以文化符号为代表的一系列知识产权。IP 已经从文化圈、娱乐圈和影视圈逐渐渗透到我们的日常生活中。这是一个 IP 崛起的时代，一个 IP 疯狂传播的时代，一个属于 IP 的时代。

　　在这个时代，IP 成为一种强大的文化力量。它不再仅仅局限于书籍、电影或游戏等传统领域，而是扩展到了各种产品和服务中。IP 可以是一个动漫角色、一个小说系列、一款游戏，甚至可以是一个品牌或个人形象。这些 IP 凭借其独特的魅力和广泛的影响力，在市场上引起轰动，并吸引大量粉丝和消费者。IP 的崛起改变了人们对文化产品的认知和消费方式。人们不仅仅追求产品的功能和质量，更注重其所代表的文化价值和情感联结。IP 成为人们身份认同和社交互动的重要元素，粉丝们通过追逐和支持自己喜欢的 IP，形成了庞大的社群和文化生态圈。

　　与此同时，IP 的传播也变得疯狂而广泛。社交媒体和互联网的发展为 IP 的传播提供了前所未有的平台和渠道，一个成功的 IP 可以瞬间传遍全球，引发热潮和话题。人们通过分享、讨论和参与，将 IP 的影响力不断扩大，创造出巨大的商业价值和文化影响力。

1.1.1 IP 时代的现象

泡泡玛特航天系列

三只松鼠形象 IP

中国航天 IP 兔星星

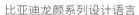

比亚迪龙颜系列设计语言

故宫文创产品

　　泡泡玛特通过打造独特的 IP 形象和推出限量版产品等方式，得到了大量粉丝的关注和追捧。故宫文创产品同样通过其独特的 IP 形象和优质的产品体验吸引了大量粉丝，形成了稳定的消费群体。中国航天 IP 兔星星是一个将科技创新与 IP 发展相结合的成功案例，兔星星作为中国航天的吉祥物，通过可爱的形象设计和有趣的互动方式，得到了大量年轻人的关注和喜爱。比亚迪龙颜系列设计语言应运了 IP 时代的发展变化。

1.1.2　IP 的巨大价值

　　泛娱乐的高速发展使一大批天价的超级 IP 呈现井喷之势：J. K. 罗琳笔下的哈利·波特摇身变成了价值 345 亿美元的超级 IP；网红小说《花千骨》借助影视、游戏、衍生品等产业，产值突破 20 亿元；熊本熊的漫画形象，两年内为日本熊本县创造了 1200 亿日元的经济效益；神奇宝贝 IP 在全球 IP 价值排名第一，已经达到 880 亿美元……

　　IP 的巨大价值在于不断挖掘和衍生出不同的商业形态，覆盖不同受众，创造独特价值，彼此间通过 IP 核心的价值观交互强化，从上游的网络文学，到中游的影视、动漫作品，再到下游的主题公园、游戏、衍生品，IP 价值层层放大。

神奇宝贝——880 亿美元

米老鼠和朋友们—— 522 亿美元

小熊维尼 ——485 亿美元

星球大战——467 亿美元

迪士尼公主——454 亿美元

面包超人 ——384 亿美元

哈利·波特——345 亿美元

芭比娃娃——339 亿美元

漫威电影宇宙——323 亿美元

使命召唤——310 亿美元

蝙蝠侠——296 亿美元

Hello Kitty——283 亿美元

蜘蛛侠——254 亿美元

变形金刚——250 亿美元

地下城与勇士——220 亿美元

汽车总动员——215 亿美元

糖果粉碎传奇——200 亿美元

忍者神龟：变种时代——174 亿美元

兔八哥（乐一通）——159 亿美元

爱探险的朵拉——158 亿美元

吃豆人——154 亿美元

狮子王——152 亿美元

玩具总动员——148 亿美元

詹姆斯·邦德——144 亿美元

史努比（花生漫画）——144 亿美元

神奇宝贝 IP

全球前 25 最具价值 IP 排行（2023 年数据）：文创潮整理自 wikimili。

1.2 IP 时代著名 IP 发展案例

1.2.1 历久弥新——故宫 IP 的创新发展

　　北京故宫是中国明清两代的皇家宫殿，旧称紫禁城，位于北京中轴线的中心。作为中国传统文化的地标性建筑，故宫知名度高、客流量大，加上近年清宫剧的热播，故宫天然地带有流量与关注。这一得天独厚的优势使故宫 IP 成为巨大的商业流量入口。故宫 IP 涵盖众多元素，是一个丰富而珍贵的知识产权宝库：从世界上规模最大的古代木结构宫殿建筑群，到两代王朝深厚的历史和文化，再到 186 万件珍贵的文物藏品……

　　最初，故宫 IP 的开发主要聚焦于文创周边产品，通过在景区售卖，让游客能够带走一份故宫的记忆。随着清宫剧的热播，IP 开发团队开始尝试将"皇帝""嫔妃""阿哥"等经典形象作为创意切入点，通过现代化的解读和呈现，让这些历史人物焕发新的生命力。2014 年 8 月 1 日故宫淘宝微信公众号刊登的《雍正：感觉自己萌萌哒》便是一次成功的尝试，文章以轻松幽默的方式重新解读了雍正皇帝的形象，发布后迅速走红。该篇文章旋即助力故宫淘宝微信公众号实现了前所未有的突破，首次斩获阅读量破 10 万的佳绩，成为该公众号首篇爆款文章。借助先进的数字技术，故宫赋予了《雍正行乐图》全新的生命力，使古人的生活场景穿越时空界限，生动地融入现代语境之中。雍正皇帝摇身一变，凭借此创新形式在网络空间大放异彩，一时之间成为炙手可热的"网红"人物。

故宫 IP 的孵化路径

1.2.2　故宫 IP 的发展路径

2008—2012 年：沉寂阶段　　　　**2013—2016 年：初始发展阶段**

故宫开设淘宝店铺	《故宫 100》纪录片开播	台北故宫博物院"朕知道了"创意胶带意外爆火	举办文创产品设计大赛	创建"故宫淘宝"微信公众号，开始线上营销	打造 IP 形象"故宫猫"	《雍正：感觉自己萌萌哒》推文爆火	推出"朝珠耳机"，获得"2014 年中国最具人气的十大文创产品"第一名	推出"皇帝的一天"APP
2008 年	**2010 年**	**2013 年**	**2013 年**	**2013 年**	**2014 年**	**2014 年**	**2014 年**	**2014 年**

2019 年至今：稳定发展阶段

故宫文化创意馆发布故宫文创系列口红	《上新了·故宫》综艺节目播出，播放量超 3.6 亿次	故宫文创与农夫山泉展开跨界合作，开启 IP 联名	腾讯地图和故宫博物院携手打造"玩转故宫"小程序	纪录片《国家宝藏》播出，将纪录片与综艺相结合，激活了粉丝经济	推出"故宫社区"AP整合了包括资讯、导建筑、藏品、展览、学文创在内的 10 余类宫文化资源与服务形
2018 年	**2018 年**	**2018 年**	**2018 年**	**2017 年**	**2017 年**

2016—2018 年：快速发展阶段

推出"韩熙载夜宴图"APP，全新线上体验

推出"每日故宫"APP，更年轻化

推出"故宫陶瓷馆"APP，文物装进口袋

推出"清代皇帝服饰"APP

故宫"萌系"产品成为年轻人喜欢的"爆款"

开放文化创意体验馆，开启文创产品商店体系

推出《我在故宫修文物》纪录片，央视首播

故宫淘宝被网评为"淘宝十大原创 IP"

| 2015 年 | 2015 年 | 2015 年 | 2015 年 | 2015 年 | 2015 年 | 2016 年 | 2016 年 |

《假如故宫进军彩妆界》推出几天，就被转载超过 6 万条，阅读量更是超过了 858 万次

IF 时尚和故宫文化珠宝联合打造的"故宫·如果爱·护佑手链"，一个月内卖出 8000 多条

联合《时尚芭莎》推出"故宫芭莎红"玲珑福韵项链套装，IP 年轻化时尚化

"故宫珠宝"联合时尚博主黎贝卡推出了联名款珠宝和手帐

故宫博物院与腾讯合作举办"表情设计"和"游戏创意"设计比赛

故宫与动画电影《大鱼海棠》联名发布文创产品，快速圈粉

故宫博物院和腾讯联合出品了微信 H5 广告——《穿越故宫来看你》，充满年轻要素

| 2017 年 | 2017 年 | 2016 年 | 2016 年 | 2016 年 | 2016 年 | 2016 年 |

1.2.3　潮玩文化——IP 时代下泡泡玛特的崛起

　　北京泡泡玛特文化创意有限公司自 2010 年诞生以来，站在潮流文化的前沿，引领着中国乃至全球的潮流风尚。经过 10 余年的风雨兼程，泡泡玛特已经发展成一个集全球艺术家挖掘、IP 孵化运营、消费者触达、潮玩文化推广以及创新业务孵化与投资于一体的综合运营平台。

　　随着时代的变迁，消费的主力军也在逐渐更迭。如今，年轻人已经成为消费市场的重要力量，他们对于时尚、潮流的追求，使得泡泡玛特这样的公司迎来了新的发展机遇。作为深受年轻人喜爱的潮流文化代表，泡泡玛特不仅是一个玩具品牌，更是一种独特的生活态度和文化象征。它代表着年轻人对个性、创意和潮流的追求，是他们展示自我、表达情感的重要方式。在泡泡玛特的世界里，每一个潮流玩具都是一个故事、一个情感的载体。它们不仅仅是简单的商品，更是年轻人与艺术家之间情感共鸣的桥梁。通过收藏、分享这些潮流玩具，年轻人可以感受到艺术的力量，找到归属感，与志同道合的朋友分享共同的喜好。

　　此外，泡泡玛特还通过不断创新和跨界合作，将潮流文化融入日常生活的方方面面。它与时尚、电影、音乐等多个领域进行深度合作，推出了众多联名产品和限量版玩具，让潮流文化更加深入人心。这些产品不仅满足了年轻人对时尚和潮流的追求，更成为他们展现个性和品味的重要标志。

POP MART MOLLY 系列

POP MART 店面展示

POP MART 自动售卖机

泡泡玛特 IP 产业链

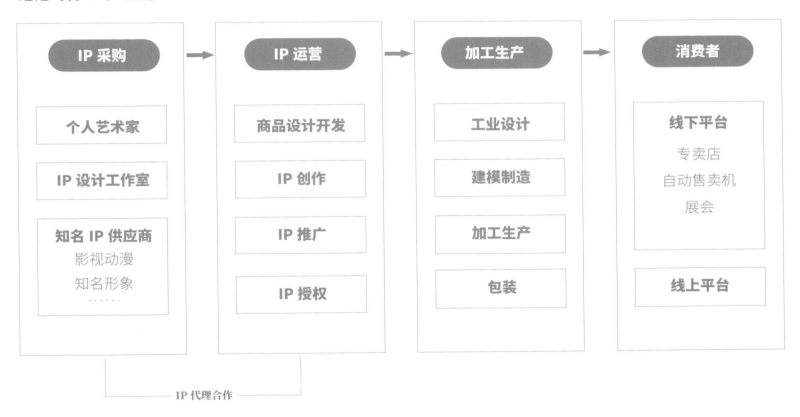

1.3 IP 时代的特征

1.3.1 IP 时代的人群特征

在 IP 时代的浪潮中，Z 世代人群以及 80 后、90 后的消费人群成为具有代表性的群体。这些年轻人更加注重自我个性的表达，对产品的独特性给予了更多的关注。

Z 世代的年轻人成长在信息高度发达的时代，他们对个性的追求更加迫切，渴望通过独特的方式展现自己的与众不同，希望自己的选择能够反映出个人的价值观和风格，更加倾向于选择那些能够凸显个性的产品。80 后和 90 后的消费人群也展现出对产品独特性的重视，他们经历了社会的变革和发展，对于品质和个性化有着更高的要求。相比于传统的消费观念，他们更愿意为那些具有独特设计、功能或品牌故事的产品埋单。

这些年轻人注重自我个性的表达，体现在他们对时尚、科技、文化等各个领域的消费选择上。他们追求独特的服装风格、个性化的科技产品以及与自己兴趣爱好相契合的文化体验。他们希望通过这些选择，展示自己的品味和生活态度。

对于企业和品牌来说，理解并满足这些年轻人对自我个性表达和产品独特性的需求变得至关重要。这意味着要不断创新，提供更多元化、个性化的产品，以吸引这一消费群体的关注和青睐。同时，品牌也需要通过与消费者的互动和沟通，了解他们的需求和喜好，进而打造出更具个性化的营销策略。

此外，年轻人对于产品独特性的关注也促使小众品牌和独立设计师不断崛起，这些品牌和设计师往往能够提供与众不同的产品，满足消费者对于个性化的追求。这种趋势为市场带来了更多的创新和竞争，推动了整个行业的发展。

IP 时代的主要人群

Z 世代

　　Z 世代通常指 1995—2009 年出生的一代人，他们在数字时代中成长，对科技和互联网非常熟悉。

数字原住民　多元文化追求者
个性化　体验至上　社交活跃
文化输出　文化自信

80 后、90 后

　　80 后与 90 后有些已经为人父母，成为职场的中坚力量。他们经历了大众创业的时代，具有创新精神。

创新创业精神　家庭责任
个性化　注重品质　文化自信
单身经济　小型家庭

01 体验
至上

02 情感
共鸣

03 网络
生活

04 个性
表达

1.3.2　IP 时代的文化特征

在 IP 时代的背景下，文化的发展呈现出以下显著特征。

（1）传统文化的创新发展。例如，故宫文化以其独特的魅力和创新的发展模式迅速崛起。通过将传统文化与现代设计、科技等相结合，故宫文化成功吸引了年轻一代的关注，成为文化传承与创新的典范。

（2）时尚潮流文化的兴起。与此同时，先进时尚文化也在不断创新发展。以泡泡玛特等 IP 消费为代表，这些时尚潮流文化品牌通过独特的设计和营销策略，满足了消费者对于个性化和时尚的追求。

（3）小众文化的崛起。一些以往被视为小众的兴趣文化，如露营、滑板、户外等，正在迅速发展。这些小众文化通过社交媒体和互联网的传播，吸引了更多人的参与和关注，形成了独特的文化社群。

（4）文化的多元融合。各类文化 IP 品牌之间的跨界发展成为一种趋势。不同类型的文化元素相互融合，创造出新颖的文化产品和体验，丰富了人们的文化生活。

1. 传统文化的创新发展

敦煌文化联名的各类产品，包括泡泡玛特的手办、ZIPPO 打火机，以及卡姿兰彩妆产品等。

2. 时尚潮流文化的兴起

新兴的潮流文化受到年轻人的追捧，图为泡泡玛特旗舰店内，年轻人在选购产品。

3. 小众文化的崛起

以露营为代表的小众文化快速崛起。

4. 文化的多元融合

文化的多元融合已经成为常态，越来越多的文化得以交融。

1.3.3 IP 时代的生活方式

在 IP 时代，人们的生活方式呈现出以下特征。

"自在"，自然、自我的生活。人们更加注重个体的自主性和独立性，追求能够自由支配时间和资源的生活，根据自己的兴趣和需求来安排生活。"自在"成为一种自然、自我的生活方式。人们更加追求自然、简约、环保的生活，注重与大自然的和谐共处。同时，也更强调个体的自我实现和发展，追求真实的自我表达。这种生活方式反映了人们对自由、舒适和内心满足的渴望。

"定制"，绿色、健康新生活。在 IP 时代，"定制、绿色、健康"的生活方式越来越受到人们的青睐。定制满足了人们对于个性化的需求，让每个人都能拥有独一无二的生活体验；绿色环保意识的增强，使人们更加关注环境保护和可持续发展；健康则成为人们生活的首要关注点，大家更注重锻炼、饮食健康和心理健康。这种生活方式不仅让人们更加注重生活品质，也推动了相关产业的发展和创新。

"居家"，生活、工作一体化。后疫情时代，人们更多地选择在家中工作、学习和娱乐，通过互联网实现与外界的联系。这种生活方式不仅可以减少人员流动和聚集，还能提高工作和生活的效率。同时，互联网的发展也为"居家"生活提供了更多的便利和可能性，比如在线办公、远程教育、在线购物等。人们可以更加自由地安排自己的时间和空间，实现工作与生活的平衡。

1. "自在"，自然、自我的生活

2. "定制"，绿色、健康新生活

3. "居家"，生活、工作一体化

1.3.4　IP 时代的产品特征

在 IP 时代，产品趋势呈现出以下特征。

（1）品质感。80 后、90 后以及 Z 世代的人群对生活的体验和品质越来越关注。他们愿意为高品质的产品支付更高的费用。例如，在选择食品时更倾向于有机、无添加的产品，在选择电子产品时更注重性能和质量。

（2）小型化。随着当代生活节奏的加快，家电行业发展出小家电这一重要分支。例如，便携式迷你榨汁机、小型空气净化器等产品的出现，满足了人们对于便捷和高效的需求。

（3）个性化。人们越来越关注个性的表达，希望产品能够反映自己的品味和风格。定制化的产品和服务受到欢迎，比如定制手机壳、定制服装等。

（4）识别性。产品的颜值变得更加重要，人们在购买产品时也会更关注其外观设计。例如，精美的包装、独特的造型和时尚的颜色等都能吸引消费者的目光。

品质感　小型化　个性化　识别性

1.4　IP 时代的企业设计策略

在 IP 时代，一切都有可能成为 IP。因此，对于企业来说，在设计战略上更应着重于产品 IP 的塑造。而要成功打造产品 IP，关键在于产品认知（PI）系统的精心设计。通过 PI 设计，企业能够赋予产品独特的形象和个性，使其在市场中脱颖而出，与消费者建立情感连接，进而提升品牌价值和竞争力。同时，PI 设计还能为企业的跨媒体传播和多元化发展提供有力支持，实现 IP 价值的最大化。

在 IP 时代，企业更加关注 PI 的打造主要有以下几个原因。

（1）提升品牌辨识度。独特而鲜明的 PI 设计可以帮助企业的产品在众多竞争对手中脱颖而出，增加品牌的辨识度。

（2）传递品牌价值观。PI 设计可以通过视觉元素和形象表达企业的核心价值观，与消费者建立情感共鸣和连接。

（3）增强品牌忠诚度。消费者对于具有独特 PI 设计的产品往往更容易产生忠诚度，愿意持续购买并成为品牌的忠实粉丝。

（4）拓展市场份额。一个成功的 PI 设计可以吸引更多的消费者，有助于企业扩大市场份额，提高产品的市场占有率。

（5）创造品牌附加值。优秀的 PI 设计能够为产品赋予更高的附加值，提高产品的价格和利润。

（6）便于跨媒体传播。PI 设计可以在不同的媒体平台上进行延伸和传播，为企业的品牌推广提供更多的可能性。

（7）适应消费者需求。在 IP 时代，消费者对于个性化和独特体验的需求增加，PI 设计可以满足这一需求，吸引更多消费者。

（8）建立品牌生态系统。通过 PI 设计，企业可以构建一个完整的品牌生态系统，包括周边产品、衍生产品等，实现多元化的商业模式。

IP时代品牌、PI逐渐IP化

IP时代势能
Intellectual
Property

PI设计策略
Product
Identity

企业
企业文化

用户
用户价值观

PI是联通企业与用户价值之间的桥梁

基础功能
心理功能
价值功能

功能需求
心理需求
认同需求

第 2 章

跨文化设计来临

THE ADVENT OF CROSS-CULTURAL DESIGN

随着互联网技术的迅猛发展和全球化的深入推进，全球各地的交流日益频繁，各种文化之间的交融与碰撞也越发显著。这种跨文化交流不仅促进了不同文化之间的理解与尊重，也为产品设计领域带来了前所未有的机遇与挑战。在这样的背景下，产品的跨文化设计已经成为一种必然趋势。

跨文化设计，顾名思义，是指在产品设计过程中充分考虑不同文化背景下的用户需求、审美观念、价值观念等因素，以确保产品能够在全球范围内得到广泛接受和认可。这种设计方式不仅有助于打破文化壁垒，促进不同文化之间的交流与融合，还能够为企业带来更广阔的市场空间和更多的商业机会。

为了实现跨文化设计，设计师需要具备跨文化沟通的能力，了解不同文化背景下的用户需求和审美观念。同时，还需要掌握跨文化设计的方法和技巧，例如如何融合不同文化元素、如何平衡全球化与本土化的关系等。只有这样，才能设计出真正符合全球用户需求的产品。

2.1 跨文化设计研究背景

　　随着互联网技术的迅猛发展和全球化的深入推进，各国之间的交流日益频繁，各种文化之间的交融与碰撞也愈发显著。在这样的背景下，我国形成了范围广、质量高的全球伙伴关系网络，推动了共建"一带一路"高质量发展。产品的跨文化设计已经成为一种必然趋势。

　　全球化促进了国家之间的贸易往来和投资自由化，为产品跨文化设计提供了广阔的市场空间和机遇。不同国家的消费者有着不同的需求和文化背景，因此，能够满足全球用户需求的跨文化产品设计具有巨大的市场潜力。科技的发展也为产品跨文化设计提供了更多的可能性和便利性。人工智能、虚拟现实等新技术正在改变人们的生活方式和消费习惯，这些技术手段的应用可以更好地融合不同文化的元素，创造出更加符合全球用户喜好的产品。

　　跨境电商和互联网购物、交流等生活方式，为人们提供了前所未有的生活体验。人们可以轻松地浏览和购买来自世界各地的商品，从而直接接触到不同国家和地区的文化特色。例如，时尚服饰可能融合了不同国家的设计风格，美食特产则展现了各地的独特风味和烹饪传统。人们在购买和使用这些商品时，也在间接地体验和学习其他文化的生活方式和价值观。通过评论、分享和社交功能，人们可以与拥有不同文化背景的人们分享购物心得、交流文化体验，从而增进相互理解和尊重。这种跨文化的交流不仅丰富了人们的社交体验，也有助于打破文化隔阂和偏见。

　　由于面向人群的跨文化特征，产品设计过程中需要充分考虑不同文化背景下的用户需求、审美观念、价值观念等因素，以确保产品能够在全球范围内得到广泛接受和认可。这种设计方式不仅有助于打破文化壁垒，促进不同文化之间的交流与融合，还能够为企业带来更广阔的市场空间和更多的商业机会。

2.2 企业包容性文化模型

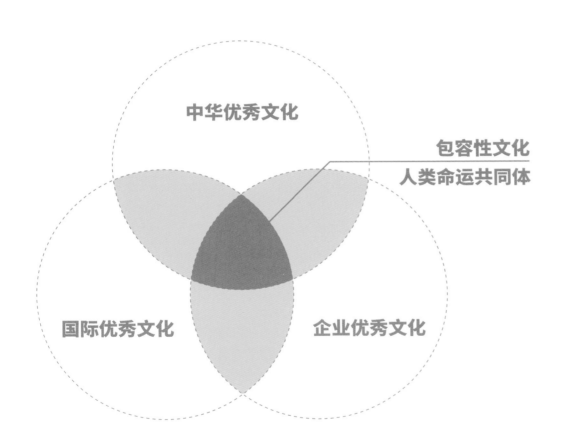

跨文化设计研究理论模型——包容性文化

    在全球化的大背景下，包容性文化成为一种重要的文化发展趋势。它不仅是一种文化态度，更是一种积极的文化策略，旨在促进不同文化之间的和谐共处和共同发展。包容性文化强调尊重文化差异性，认为每种文化都有其独特的价值和优点，应该被平等地对待和欣赏。同时，它也倡导汲取各种文化的优秀元素，将这些元素融合在一起，形成一种新的、具有包容性的文化。

2.3　跨文化设计的内涵

2.3.1　文明的共鸣，价值的共享

在全球化日益深入的今天，跨文化设计成为连接不同文明、实现价值共享的重要途径。设计不仅仅是一个产品的外在表现，更是一种文化的传达和价值的体现。从跨文化设计的角度出发，"文明的共鸣，价值的共享"体现在以下几个方面。

首先，跨文化设计强调对多元文化的尊重和理解。设计师需要深入研究不同文化背景下的用户需求、审美偏好和社会习俗，将这些元素巧妙地融入产品设计中。这样的设计不仅能够在视觉上呈现出多样化的风格，更能够在深层次上引发消费者的文化共鸣，增强他们对产品的认同感。

其次，跨文化设计促进了不同文明之间的交流与融合。通过设计这一媒介，不同文化背景下的消费者可以共同欣赏、使用同一款产品，从而增进彼此之间的了解和友谊。这种交流与融合不仅有助于推动全球文化的多元化发展，更有助于构建人类命运共同体。

最后，跨文化设计实现了价值的共享。在全球化市场中，一款成功的产品往往能够超越国界和文化的限制，成为全球消费者共同追求的对象。这样的产品不仅具有高度的实用性和美观性，更能够传达出一种普世的价值观念，如环保、创新、包容等。这些价值观念通过设计这一媒介得以传递和共享，成为推动人类社会进步的重要力量。

从跨文化设计的角度来看，"文明的共鸣，价值的共享"不仅是一种设计理念，更是一种文化追求和社会责任。通过跨文化设计，我们可以更好地理解和欣赏不同文明之美，实现价值的共享和传承。

2.3.2　跨文化设计是认知符号的扩展与衍生

从跨文化设计的视角来看，跨文化设计不仅是文化交流和融合的过程，更是认知符号的扩展与衍生。认知符号是人类认知世界、理解文化的工具，而跨文化设计则是这些符号在不同文化背景下的创新运用和发展。

首先，跨文化设计促进了认知符号的扩展。在不同的文化背景下，人们形成了各自独特的认知符号系统，这些符号反映了不同文化的特点和价值观。通过跨文化设计，设计师可以将不同文化中的认知符号进行融合和创新，创造出新的符号体系。这些新的符号不仅包含了原有文化的元素，还融入了新的创意和理念，从而扩展了人们的认知范围和深度。宜得利家居（NITORI）的产品设计以日式风格为主，注重简约、清新和自然的元素。同时，它也积极融入全球审美趋势，以满足不同文化背景的消费者需求。

其次，跨文化设计推动了认知符号的衍生。在跨文化设计的过程中，设计师需要对不同文化中的认知符号进行深入的研究和理解，然后将其进行再创造和转化。这种转化过程往往会产生新的符号和意象，这些新的符号和意象是对原有符号的延伸和拓展，也是对不同文化元素的重新组合和创新。例如无印良品的产品设计通常采用简洁的线条和中性的色彩，避免使用过于复杂或具有特定文化象征意义的元素。这种普遍的设计语言使得其产品在全球范围内都能被接受和理解，无论消费者是何文化背景。

最后，跨文化设计还有助于认知符号的跨文化传播。在全球化的背景下，跨文化设计成为不同文化之间交流和沟通的重要桥梁。通过设计这一媒介，不同文化中的认知符号得以传播和分享，从而促进了不同文化之间的理解和融合。这种跨文化传播不仅有助于扩大认知符号的影响力，也有助于推动全球文化的多元化发展。

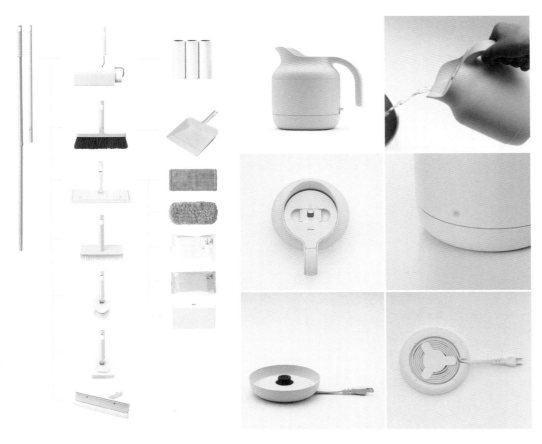

无印良品系列产品

NITORI 系列产品

企业内、外 PI 因素分析

——以"小熊电器"企业势能及社会势能洞察为例

当企业进行 PI 设计规划时，首要任务是全面而深入地分析企业内部和外部的 PI 因素，这些因素构成了企业形象的基石。通过对企业内部和外部的 PI 因素进行全面而深入的分析，企业可以更加清晰地认识自身的优势和不足，以及外部环境的机会和挑战。

企业内部势能
企业内部势能的考察

企业历史
- 企业发展历史
- 企业产品文化历史
- 企业过往产品关键词提取

企业文化
- 企业愿景价值观
- 企业品牌识别
- 企业产品文化印象势能

企业 PI
因素分析
企业 PI 相关因素的考察
与分析模型

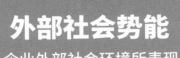

外部社会势能

企业外部社会环境所表现
出的趋势动向

市场环境分析

○ 消费方式分析
○ 品类赛道宏观环境
○ 市场品牌分布特征

目标人群分析

○ 人群文化心理背景
○ 目标人群特征
○ 目标人群发展趋势
○ 目标人群认知趋势

行业现状及发展趋势

○ 行业产品现状分析
○ 行业产品发展趋势分析
○ 企业产品竞争力分析

第 3 章

企业内部势能集聚
INTRA-FIRM POTENTIAL AGGREGATION

小熊电器自 2006 年创立至今，已经有 18 年的历史。企业发展的历史是企业立足当下、面向未来的基础，因此要把握企业的历史，从企业历史、企业文化、过往产品等角度去考察、复盘企业这些年发展过程中的集聚点。这些点就如同运动中的物体，会产生惯性。用户对于拥有 18 年历史的小熊也会有"认知惯性"，大多数人对于小熊的认同点、记忆点应当被汲取出来加以承接与保留。小熊电器发展成熟的企业文化、企业价值观等都是企业势能的具体表现，应通过对小熊电器历史的考察，将这些基础的势能集聚起来，浓缩并融入企业 PI 系统的设计当中。

3.1　小熊电器企业历史

　　企业历史包括企业产品历史和更深层次的企业文化历史，是对于企业历史的总结与复盘，有助于发掘优秀的企业文化与经典的企业设计语言，凝练企业品牌 DNA，指导企业当下及未来在产品及文化方面的精准发展。企业历史是企业文化和价值观的重要载体，传承历史可以确保这些核心价值观在企业中得以延续和传承。企业历史是企业的宝贵财富，它可以帮助企业在不断变化的市场环境中保持稳定和持续发展。一个重视并善于利用企业历史的企业，往往能够更好地应对挑战，把握机遇。

3.1.1　小熊电器产品发展历史

　　本节对小熊电器 2010—2020 年的重要产品进行梳理总结，将其中的产品语言、形象感受进行了提取与融合。对产品历史的回顾，在于提取企业产品 DNA，以更好地指导当下、串联未来。

														年份
														2010年
														2011年
														2012年
SNJ-S30														2013年
							DZG-A80A1							2014年
			DKX-B30N1				DDZ-C18D1							2015年
			DKX-A09A1	DSL-A02Z1 年销2万件			DDZ-A08D1	JSQ-240W8						2016年
SNJ-C10T1	SNJ-B20T1			DRG-C12M2		DDG-D40N6	DDZ-B06R1	JSQ-A50U1 年销70万件						2017年
SNJ-C10NS		JYSH-C08V1 年销90万件 YSH-C18R1	DKX-D11B1 DSL-C02B1 年销0.5万件	DHG-B60G2 DRG-C10B2	DZG-C60A1	DQG-A30C1	JSQ-C40N3 年销20万件	DNQ-C05A1 年销20万件	BSY-A20C1 年销3万件	NNQ-A02B1 年销13万件			2018年
DFB-B12K2 DFB-B30R1		YSH-A15W6 年销32万件	DKX-D20A1 DSL-AT3F1 年销1.5万件	DHG-B50P3 DRG-C10D1	DDZ-C25K1		JSQ-C50Q1 年销120万件	DNQ-C20B1 年销70万件	JMY-C02L1 MRY-AD4S1 BSY-A18C2 年销0.32万件	NNQ-A02R8 年销0.2万件	TNQ-B10R1 年销6.2万件	XDG-A06J1 年销1.9万件	2019年
SNJ-P30F2	DFB-P30NS	ZDH-C15C1 年销11万件 YSH-C08T1 年销12万件	DKX-A35Q1 DSL-A13N1 新品	DHG-P40C1 DRG-E12G5	DZG-D40E1 DDG-D20S2		JSQ-C30K1 年销3万件	DNQ-C08C1 新品	新品	NNQ-A03F1 年销0.5万件	TNQ-A12L1 年销0.9万件	XDG-A07C1 年销0.1万件	2020年
酸奶机	电饭煲	电水壶 养生壶	烤箱 早餐机	热火锅系类	蒸炖煲系类	加湿器	取暖器	美容仪	暖奶器	调奶器	消毒锅	年份

厨房类	生活类	个护类	婴童类

本图由小熊电器整理提供

3.1.2　小熊电器品牌定位策略发展历史

自 2006 年以来，小熊电器基于不同的时代发展趋势，形成了不同的品牌定位策略。这些策略对于小熊的发展而言十分重要，是企业文化的深层积淀，应当将这些文化底蕴提取出来，并融合到 PI 系统当中。

3.1.3　小熊电器过往产品感性关键词总结

基于对小熊过往产品的考察,将用户对于小熊产品的感性认知总结为关键词云,将其中的感受、产品使用场景进行汇总,作为小熊品牌的基础势能进行输出,用以指导小熊产品形象系统的设计。

3.2 小熊电器企业文化

 企业文化是一个企业发展过程中所积累形成的软资产。企业文化就像是企业的灵魂,对企业的发展和成功具有至关重要的作用。这些使命、愿景、价值观居于企业的核心统领地位,指引着产品设计、销售等一系列企业活动,形成一种企业内部的文化势能。企业文化是企业的核心竞争力之一,它能够为企业带来许多竞争优势,帮助企业在快速变化的市场环境中保持灵活性和适应性。因此要对这种势能加以提取、融合,让产品形象更具灵魂与力量。

3.2.1　小熊电器企业愿景

品牌使命

支持万千有创造精神的年轻人，尽情发挥想法，过有创造力的生活

品牌价值观

以人为本，锐意创新

品牌愿景

成为年轻人喜欢的品牌

　　小熊电器始终坚持以用户为中心，洞察用户需求，并以精品战略为牵引，立足价值，构建企业能力体系，旨在为全球消费者提供创新多元、精致时尚、小巧好用的产品，提升用户生活品质，成为年轻人喜欢的小家电品牌。

3.2.2 小熊电器企业品牌识别

1. 小熊基础标识

　　基础标识（LOGO）代表着品牌的精神和文化，具有专属性与认知性，也是整体品牌标识的基本组成部分。标识图形是一个平衡的整体，使用时不得改变其形状、结构和比例。一致连贯地使用标识图形有助于保持品牌的统一性与识别性。

LOGO　　　　基础LOGO

STANDARD FORM　　标准制图

13.4X

2.8X

CLEAR SPACE　　隔离区域

14.5X

4.8X

12.5X

MINIMUM SIZE　　标识最小尺寸规范

同比例缩小后
高度不小于6毫米

2. 小熊品牌标准色

小熊橙

Pantone 1655 C
C0 M80 Y100 K0
R255 G99 B57　#FF6339

小熊黄

Pantone 1225 C
C0 M20 Y70 K0
R255 G191 B80　#FF6339

小熊蓝

Pantone 7711 C
C90 M25 Y50 KO
R255 G99 B57　#268B90

小熊米

Pantone 475 C
C0 M15 Y20 K0
R255 G255 B198　#268B90

3. 小熊品牌标准辅助色

　　标准色是品牌指定的色彩，运用在所有视觉传达设计的媒体上，通过色彩的视觉刺激传达心理感受，进而反映
品牌精神。品牌标准色由小熊橙、小熊黄、小熊米与小熊蓝组成。

3.2.3　小熊产品文化印象势能

　　小熊电器十几年发展过程中，旧有的产品形象对于用户认知有很大影响，最直接的是用户对于品牌及其文化有一定的认知惯性，这种认知惯性会逐渐形成一种文化印象势能。对过往产品的印象进行整理复盘可以进一步指导 PI 设计，在融入产品文化的同时，保留用户对于品牌的信任度。

第 4 章

作为外因的社会势能洞察

INSIGHTS INTO SOCIAL POTENTIAL AS AN EXOGENOUS FACTOR

市场宏观情况、营商环境，使用者的生活型态、生活方式，国家、社会的基本情况，这些都属于企业发展过程的"背景板"，也就是企业发展的外部社会势能。对于这些外因的洞察，有助于企业把握发展方向，顺应时代发展的趋势。企业是时代中的企业，因此有必要对时代、对社会进行宏观的考察与认识。

4.1　市场环境分析

　　市场环境分析是企业战略决策中不可或缺的关键环节，它深度探究并详尽评估了一系列重要的外部影响因素，旨在全面揭示企业所处的宏观和微观市场环境特征。通过深入细致地考察外部市场动态，企业能够敏锐洞悉自身赖以生存和发展的生态环境及其内在联系，并据此判断自身的实际生存状况和发展态势。

　　这一过程不仅有助于企业认识自身在复杂多变的市场经济体系中的定位，还能帮助企业理解其在行业生态链乃至整体经济发展进程中的角色和竞争地位。换言之，市场环境分析为企业提供了透视系统内外互动关系、把握发展趋势、优化战略规划的有力工具，从而确保企业在激烈的市场竞争中立于不败之地并实现可持续发展。

4.1.1 多样化的网络电商消费方式快速发展

公共卫生危机的暴发，使互联网成为人们生活中不可或缺的基础设施，线上生活成为一种基本的生活形态。在这样的背景下，人们的消费方式也在发生着重要的转变，传统的线下购物方式不再是唯一的选择，电商、微商、直播带货等多样化的网络消费方式正在快速发展。

电商平台的崛起改变了人们的购物习惯。从最初的淘宝、京东等综合电商平台，到如今的拼多多、小红书等社交电商平台，电商平台的种类和数量不断增加，满足了消费者多样化的购物需求。人们可以通过电脑、手机等设备随时随地进行购物，不再受到时间和地点的限制，同时也能够享受到更多的优惠和服务。

随着社交媒体的普及，微商也成为人们购物的一种新选择。微商通常通过微信、朋友圈等社交媒体平台进行推广和销售，商品种类繁多，价格相对较为亲民。消费者可以通过与微商直接沟通，了解更多的商品信息，同时也能够享受到更加个性化的服务。

直播带货则是一种新兴的网络电商消费方式。直播带货通常通过直播平台进行，主播通过直播展示自己的商品，并与观众进行互动，介绍商品的特点和优势。观众可以在直播间直接购买商品，享受更多的优惠和服务。直播带货的互动性更强，消费者可以更加直观地了解商品信息，同时也能够感受到更加真实的购物体验。

电商网站
传统电商 / 社区团购

直播带货
直播平台 / 网红主播

网络带货
视频 / 图文带货

4.1.2　电商成为生活家电类产品主要销售渠道

随着互联网的普及和电商平台的崛起，电商已经成为生活家电类产品的主要销售渠道。相较于传统的线下购物方式，电商平台提供了更加便捷、丰富的购物体验，使得消费者可以更加轻松地比较不同品牌、型号的家电产品，找到最适合自己需求的产品。同时，电商平台还提供了丰富的优惠活动和服务，吸引了越来越多的消费者在线上购买家电产品。

在家电产品市场竞争日益激烈的今天，产品的颜值对于用户消费决策的影响越来越重要。消费者在选择家电产品时，不仅关注产品的性能、品质、价格等方面，还会关注产品的外观设计、颜色搭配、材质质感等因素。一款外观精美、设计独特的家电产品往往能够吸引更多消费者的关注和喜爱，从而提高产品的市场竞争力。同时，由于电商成为主要的消费渠道，产品外观成为了解产品品质最为直观的特征。

众所周知，2016 年被互联网业界称为"直播元年"。彼时，网络直播首次成为资本疯狂追逐的风口行业，经过几年发展，电商直播已经历了初创和快速发展期，2020 年即进入初步成熟阶段。

中国互联网络信息中心 (CNNIC) 发布的直播行业报告显示，截至 2020 年 6 月，国内网络直播用户数量超 5.62 亿 。自此，部分商业平台意识到了直播模式的商业潜力，纷纷开始进入电商直播行业。2019 年是直播电商集中爆发的一年，网红主播不断地刷新直播带货数据，淘宝直播因此成功出圈，占据直播平台头部地位。抖音、快手也在巨大流量的助攻下，成为品牌商利用"短视频＋直播"方式打造爆款的重要平台。与此同时，其他平台也将战略重心向直播电商转移。

2024 年直播电商十大品牌   2024 年购物网站十大品牌

数据来源：CNPP 品牌榜中榜大数据研究院；CN10 排排榜技术研究院

4.1.3　产品爆发式增长，普通产品严重过剩

　　产品爆发式增长，消费者获取识别产品的成本越来越高，消费者主权时代下如何快速引起消费者注意，引发消费者共鸣，为消费者精准传达产品定位成为品牌市场竞争的重要依托点。

京东搜索"养生壶"（2024 年）

38 万+ 件产品

4.1.4　市场品牌爆发

　　随着互联网的发展和营商环境的变化，品牌迎来爆发，市场上充斥着大量良莠不齐的品牌，消费者甄别各类品牌和商品要花费大量的时间。因此，很多消费者会针对性地选用最具特征性的品牌，尽可能减少消费过程中花费的时间成本，特定领域的消费者心智占领成为品牌竞争的新阵地。

品牌

400+

养生壶产品针对性较强，通过对京东上这一品类的查询，
发现这一赛道上共有 400 余家大大小小的品牌

品牌爆发　　品牌深入人心　　品牌战争

4.1.5 新一波人心红利出现

随着人口出生率下降、老龄化进程加快，我国的人口红利正在逐渐消失；同时，互联网获取流量的成本越来越高。产能过剩、存量博弈，在消费者主权时代，新一波的人心红利出现。

品牌的精准定位、品牌文化对消费者价值观的输入成为品牌之间竞争的重要交界点。因此，通过对消费者的精准研究，提升消费者对于品牌的认同感是新时代品牌发展的重要抓手。

得人心者得天下

深刻、全方位贯彻品牌定位，
占领消费者心智

人口红利

1990—2020

随着人口出生率降低、老龄化进程加快，
我国的人口红利正在逐渐消失

人心红利

粉丝经济
口碑经济
2020—

流量红利

2010—2020

随着获取流量的成本越来越高，互联网
流量红利正在逐渐消失

产能过剩、存量博弈，在消费者主权时代，
新一波的人心红利正在出现

4.2　目标人群分析

目标人群分析是指对企业核心以及各品类产品针对的消费人群及使用人群的分析考察，主要从其知识背景、生活形态、关注要素等几个方面进行梳理，最终形成目标人群的精准客户画像，进而有针对性地指导产品定义、产品形象等产品要素，促进商业的成功。目标人群的分析具有以下作用：

（1）精准定位：通过对目标人群的特点、需求和行为进行分析，企业可以更准确地定位产品或服务。

（2）提高营销效果：通过了解目标人群的喜好和偏好，企业可以制定更有针对性的营销策略，提高营销活动的效果和回报率。

（3）优化产品设计：根据目标人群的反馈和需求，企业可以改进产品设计，增加产品的吸引力和竞争力。

（4）增强用户体验：关注目标人群的体验感受，企业可以提供更好的客户服务，提升用户满意度和忠诚度。

（5）合理分配资源：明确目标人群后，企业可以更有效地分配有限的资源，将重点放在最有潜力的市场和客户上。

4.2.1　小熊品牌目标人群的文化心理背景

消费人群的研究是企业研发的基础，对于消费人群的基础文化心理背景的研究往往会被忽视，然而这部分暗藏在消费者成长过程中的背景文化正是影响其生活方式与生活形态以及购物选择的重要内容，深深地关联着他们的价值观，因此对于使用人群的文化心理背景的考察十分必要。

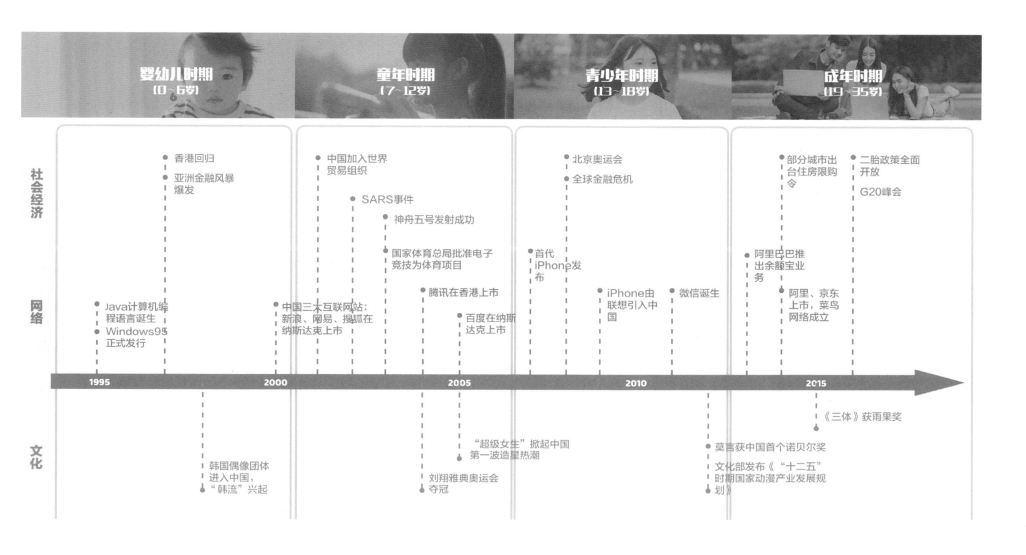

4.2.2　小熊品牌目标人群特征

　　对于目标人群的基础考察是品牌洞察消费对象、切合消费需求、创造企业利润的核心。对于目标人群特点的考察从其消费习惯、生活方式等方面展开，在洞察其特点后，可更有目标性地指导产品的设计开发。

更爱消费

消费意愿高，乐于提前消费

57%
95 后消费占收入
80% 以上

31%
愿意使用信贷
提前消费

心态更开放，爱尝新和探索

· 新品牌：2019 年新品牌（成立天猫旗舰店）数量是 2017 年的 2.5 倍。
· 新品类：如潮流玩具市场已达 200 亿元规模。

更加理性

消费观更加成熟理性

88%
年轻消费者
购物时会比价

比起品牌符号更注重产品力

· 2019 年"大牌平替"产品消费是 2017 年的 7 倍。
· 品质电商（如网易严选等）2017—2019 年增长率为 40%。

更加爱美

产品外观影响购买决策

94%
90 后买小家电考虑家居风格

23%
购买小家电曾拍照 / 视频分享

追求物质至上生活美学表达

· 各式风格的新型小家电品牌百花齐放（如萌系的小熊、复古风的摩飞、工业风的德龙等）。

更有仪式感

更需要精神层面的体验和乐趣

30%
95 后愿意为
"情怀 / 体验"
付费

居家需要更多产品点缀

· 56% 的一线城市女性愿意投入 3000~5000 元装饰出租屋（贝壳研究院数据）。

4.2.3　小熊品牌目标人群发展趋势

　　目标人群的研究过程不是一成不变的，随着社会消费趋势、社会意识及政策导向的变化，目标人群也在不断地发展变化。新一代的 00 后、Z 世代人群逐渐开始成为消费主力。后疫情时代，泛家居式的生活方式成为主流，外出就餐减少，居家餐厨一度成为常态。种种影响下，小熊电器对应的目标人群开始扩大化，除了传统的家庭主妇，职场白领、女性大学生等群体也成为餐厨用具的主要消费群体。

未来小家电目标人群扩大化

传统小家电目标人群

女性学生群体

年龄：16~22

个性 **可爱**

家庭主妇

年龄：23~35

实用 **温馨**

职场女性

年龄：23~35

随着女性就业率和单身群体比例的提高，大多数城市女性不再以家庭为中心，而是选择投入职场生活。其中许多女性希望摆脱传统观念中对女性的刻板印象，她们对小家电产品的审美喜好也会发生变化。

干净 **利落**

青年男性

年龄：23~35

随着人们生活方式与观念的变化，"男主外女主内"的家庭分工被打破，在青年群体中，男性也越来越多地参与到家务劳动中，成为小家电的使用者。

简约 **中性**

4.2.4　小熊品牌目标人群认知趋势

在商品爆发、产能过剩的背景下，品牌对于目标人群的认知特点及价值观的把握十分重要。其中目标人群认知特点的定位是核心，通过认知特点把握消费者的价值观，从而更精准地传达品牌价值，形成固定的用户群体。

科技极客

这类人对科技前沿技术、算法等怀有深深的崇拜之情，他们如同探险家般，时刻追逐着科技的最新动态，不断挖掘其中的奥秘。同时他们又充满个性，成为引领潮流的先锋。

波普战袍

这类人是随性、热情的年轻群体的代表。在他们的世界里，激情如同烈焰般熊熊燃烧，不为陈规所束缚，每一刻都在绽放自我独特的光芒。他们勇于探索，敢于表达，以个性化的风格诠释生活的多彩，是当代文化中一股不可忽视的创意洪流。

慢托邦

他们不仅注重生活的步调与质量的和谐共生，更在日常的点滴中寻找并创造着非凡的品味与质感。每个人的心中都构筑着一座理想国——一个个性化的乌托邦，在那里，美好不仅仅是一种追求，而是融入日常的每一份体验与感受之中。

数智人文

他们站在人文情怀与科技创新的交会点上，既是对人类价值、文化深度探索的思考者，也是积极拥抱技术进步、推动社会进化的实践者。他们不拘于传统的界限，致力于搭建一座桥梁，让古老的人文智慧与新兴的数字文明在其中自由对话、深度融合。

4.2.5　小熊品牌产品策略

　　品牌产品策略就像一位智慧的导航员，为企业的产品发展指引方向。品牌产品策略是企业产品成功的关键因素之一。一个精心制定的品牌产品策略可以帮助企业在激烈的市场竞争中取得优势，赢得消费者的喜爱和信赖。

　　基于以上的基础考察研究，形成了具有针对性的小熊基础产品策略，这些产品策略会成为指导产品形象系统设计的重要指标。

	过去及现在的	未来的
质量、性能、做工上的 小熊"品质标准"	· 小熊企业标准高于国家标准，但不同产品参次不齐，没有前中后端统一的认知。 · 产品线及产品品类快速扩张，产品形象缺乏统一性，逐渐引入 PI 管理。	· 对小熊纷杂的产品品类进行梳理，将 PI 管理策略引入设计流程当中，将小熊产品形象、调性统一化。 · 细分小熊高端品类，推出精品小家电。
外观差异化上小熊的 "品质感"风格选择	· 坚持圆润造型特征，"可爱萌"的外观实现优势品类的"小熊身份识别"。 · 在配色上保持相对一致，近年开始增加相对深质感的配色，细节做工上提出要求，突出产品的品质感。	· 加大研发中对于"轻松愉悦美学"设计体系的投入，跟随人群对品质感需求的变化作出一定的调整。 · 配色跟随潮流趋势变化，材质丰富多样，跟随潮流趋势调整，增加质感。 · 设计风格坚持圆润、轻松，但根据品类、人群、潮流作出适度调整。
轻松可及的价格与 高端品质相结合	· 抢占流量，推出大量面向不同需求的产品，定价低 / 促销多，抢占小家电基础市场。 · 开始推出精品产品，对标高端小家电市场。	· 在"轻松可及"的价格段内推出高端精品小家电，提升小熊电器品牌的定位。
互联网时代下的价值 呈现与文化呈现	· 充分利用线上渠道，利用图像化的方式进行产品宣传，尤其是针对产品的使用方式进行针对性的宣传。	· 高品质、高情感、高颜值的外观呈现。 · 平易价、友好价、无感价的价值呈现。 · 买得轻松、用得轻松、拿得出手、摆得出来的文化呈现。

4.3　市场现状分析

　　市场现状分析是企业至关重要的战略任务，它涉及企业对所在行业的深入剖析以及对产品市场情况的全面审视。这一分析不仅有助于企业了解当前市场的竞争格局，更能为企业未来的发展提供有力的数据支持和决策依据。

　　市场现状分析不仅有助于企业制定针对性的市场策略，还能帮助企业识别潜在的市场机遇和风险。通过深入分析市场环境和竞争态势，企业可以更加精准地定位目标客户群体，优化产品结构和销售渠道，提高市场竞争力。同时，及时发现和应对潜在的市场风险，使企业在激烈的市场竞争中保持稳健的发展态势。

4.3.1　小家电行业产品现状分析

　　后疫情时代，人们普遍更加重视家居生活，小家电市场因此迎来大发展。目前的小家电市场产品识别度不高，整体品类没有体系化，产品形象识别度不高。

4.3.2　小熊品牌产品现状

　　小熊电器旗下产品阵容庞大，横跨众多细分品类，呈现出显著的多样性和高频更新特性。然而，随着产品线的不断扩张和多样化，潜在的问题逐渐显现：大量且繁杂的产品类别在一定程度上削弱了品牌的凝聚力。消费者的直观认知面临着被海量产品信息分散的风险，导致小熊品牌的鲜明形象趋于模糊。缺乏高效的产品线整合与管理机制，致使纷繁复杂的产品矩阵难以形成统一且深入人心的品牌表达，这在某种程度上稀释了小熊电器的品牌影响力和辨识度。因此，如何在保持产品创新活力和市场覆盖广度的同时，强化品牌核心价值与一致性，成为小熊电器在品牌建设道路上亟待解决的关键课题。

PI 策略研究分析

——以"小熊电器"PI 研究方法及路径为例

本篇对小熊电器的 PI 策略进行了研究分析，包含对竞品 PI 策略的对比分析研究，以及小熊电器 PI 的定位研究。企业 PI 策略研究分析在塑造品牌独特性、提升消费者认知和忠诚度、指导产品开发和改进方向、促进企业内部协同和沟通以及应对市场变化和竞争挑战等方面具有重要性。

第 5 章

小熊电器 PI 策略对比研究

A COMPARATIVE STUDY OF PI STRATEGIES OF LITTLE BEAR APPLIANCES

小熊电器目前产品的特征在于数量多、品类广、更新快，大规模的产品数量以及品类正在逐步稀释品牌力量，消费者对于小熊品牌的核心印象及记忆点逐渐模糊消散。针对这种情况，我们以 Semg 的多主题、多系列产品市场策略和美的多品牌市场策略为主，进行了多品类多产品状态的品牌策略案例分析，并对产品形象的基本内涵要素进行了对标性的整合考察，最终提取、设计出适合小熊电器的产品形象架构。

5.1 PI 策略对标参考

5.1.1 Smeg 多主题多系列产品市场策略

Smeg 是意大利高端家用电器生产商之一，自 1948 年成立迄今，推出了一系列诠释"意大利制造"的设计精良、工艺精湛的产品。Smeg 产品集中在家电领域，有十余种品类，可以划分为多个产品主题与系列，每个系列保持垂直风格。这种应用于多产品当中的多主题、多系列市场策略值得借鉴。

1. 复古美学主题

　　圆润的外形、镀铬的细节和亮丽的色彩，让不同的空间充满了风格和个性，吸引着时尚和设计的爱好者。

榨汁机	烤面包机	搅拌机
咖啡机	热水壶	电冰箱

2. 维多利亚美学主题

　　该系列营造出一种怀旧的氛围，时间在这一刻定格。在这里，对美食的热情是通过对细节的极度关注来体现的。

| 烤箱 | 小型烤箱 | 抽油烟机 |
| 连灶烤箱 | 灶台 | 保温抽屉 |

3. 时尚联名主题

　　Smeg 推出了许多联名款的电器，例如在米奇创作 90 周年推出的迪士尼米奇联名款、意大利国旗联名款，以及蒙德里安联名款。Smeg 的联名冰箱具有独特的意义，受到一些热衷粉丝的追捧。

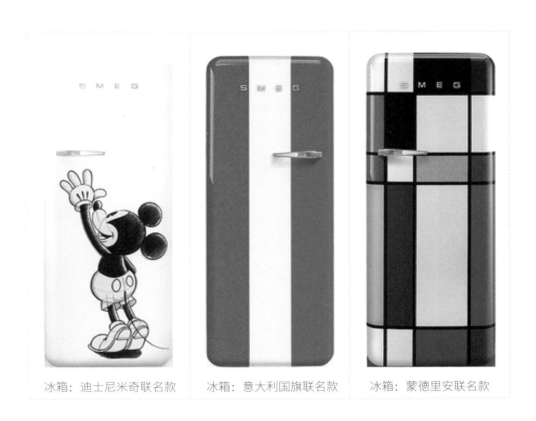

冰箱：迪士尼米奇联名款　　　　冰箱：意大利国旗联名款　　　　冰箱：蒙德里安联名款

5.1.2　美的多维度品牌细分市场策略

　　美的集团是一家拥有丰富品牌矩阵的家电巨头，旗下涵盖美的、小天鹅、威灵、华凌、安得、东芝等十余个知名品牌。在 2016 年前后，美的集团开始积极部署多维度的品牌细分市场策略，通过精准定位各类品牌，深入防守并拓展细分市场。经过这样的战略布局，美的成功构建了一个系统、完整且全面的家电市场品牌体系，为不同需求的消费者提供了丰富的选择，进一步巩固了其在行业内的领先地位。

布谷以互联网运营模式为基础，用户不再被动接受产品，而是可以通过共创平台"布谷研究所"，深度参与产品从概念创意、工业设计、开发设计到内测、公测的全流程。

互联网家电市场

COLMO 作为 AI 科技家电高端品牌，将 AI 核心技术融于高端家电，以前沿设计打造理性美学，为全球精英用户提供面向未来的全新套系化高端家电，开启科技人居新生活。

COLMO

人工智能高端家电

小天鹅是洗衣机界的创新标杆，2018 年美的将其收购，成为洗衣机市场的全资子品牌。

洗衣机市场

捣蛋鬼系列是美的针对小家电市场开发的具有 IP 性质的系列产品，IP 已不单纯为产品代言，还要通过各种形式融入消费者的生活，打造 IP 场景化时代。

小家电市场

美的多维度品牌战略

吸尘器市场

Eureka 是有着百年历史的美国专业吸尘器品牌，2016 年被美的收购，负责全球吸尘器市场。

TOSHIBA

国际家电市场

东芝是日本日用电器品牌，2016 年美的获得东芝电器 40 年品牌运营权，负责国际家电市场。

BEVERLY 比佛利

高 端 定 制 家 电

高端家电市场

比佛利是美的集团与欧洲著名科技、设计、工艺研究机构 MOSS 携手合作的国际家电品牌，主要负责国际高端家电市场。

年轻家电市场

华凌是美的瞄准年轻市场，面向互联网时代作出的年轻化转型变革的重要举措，主要负责年轻家电市场。

5.2　世界著名品牌 PI 建设类比分析

为了更好地传达 PI 系统的重要性，我们梳理了一些典型品牌的 PI 体系，以形成对于产品形象的基础认知，了解 PI 系统对于品牌发展的重要性，指导品牌的发展。

5.2.1　典型品牌 PI 梳理

经过细致的剖析，我们甄选了几个展现显著 PI 特征的品牌典范：飞利浦、苹果、小米及无印良品。通过深度探索这些品牌背后的 PI 体系，我们可以提炼其精髓，为指导品牌建设与发展提供强有力的战略洞见与实践参考。每一家品牌都在其领域内树立了独特的身份标识，无论是飞利浦的创新科技、苹果的设计美学、小米的性价比优势，还是无印良品的极简生活哲学，它们的成功为我们理解如何塑造强有力且具辨识度的品牌形象提供了丰富的经验。

PI 设计策略的实践典例矩阵分析

	企业历史	典型产品系列	PI 管控策略
PHILIPS 飞利浦	1891 年至今		宽松
(Apple)	1976 年至今		适中
MUJI	1980 年至今		适中
(mi)	2010 年至今		严格

针对以上典型 PI 设计实践案例进行分析，寻找 PI 的产品布局方式。

5.2.2 产品形象的时代特征

2001—2011 年这十年之间，白色成为人们生活中的"主色调"，简约、明洁、素雅的风格备受推崇，因此无印良品、小米等品牌的产品以白色为主调。当然也有品牌行业属性的原因，白色对于家居产品而言更容易与家庭环境协调搭配，因此也更受品牌关注。但更重要的是产品形象具有时代特征，例如小米的产品形象正是在这一时期逐渐确定下来，融入了时代的基因。

产品形象的时代特征

○ 2001—2011 年期间的时代主色调：白色、明洁、简约。

品牌产品形象风格

○ 小米、无印良品的产品形象具有体系化、系统化的特点。
○ 两个品牌在同一时代都采用了白色作为其产品的主体色调。

5.2.3 执行小熊电器 PI 策略的三个主要工作路径

通过对典型品牌 PI 系统的研究，梳理出产品认知系统管理的核心要点：①宏观层面，在于对产品总体意向的整体把控，总体意向也是产品最终的一种传达方式；②中观层面，在于对产品造型语言的寻找，要明确产品使用的语言与语法符合消费者认知特点，同时可以充分表达企业文化的核心内涵；③微观层面，在于对认知要素的具体梳理，构建具体的文法要素群，通过对产品细节的梳理，传达具体的认知要素。

PI 策略核心要点层级的梳理可以有效地指导企业构建全面的产品认知系统。

总体意向
社会总体印象

造型语言
语言和语法

认知要素
文法和要素群

宏观形象   中观形象   微观形象

第 6 章

小熊电器 PI 定位研究

PI POSITIONING STUDY OF THE BEAR

通过多方位、多立足点的综合性考察，从企业势能（企业文化、消费者定位、产品历史形象）多个角度进行基础性分析，同时结合使用者的生活形态、认知特点、品牌环境等因素进行综合性的考量，最终输出小熊电器的基本产品形象定位。

6.1 小熊电器 PI 管理系统

6.1.1 小熊电器多层级系统化动态 PI 管理系统

　　小熊电器产品线具有数量多、品类多、更新快、迭代快的特点，传统的静态 PI 管理系统并不适用于其产品现状。相比于传统的静态 PI 管理系统，多层级、系统化的动态 PI 管理系统更加灵活，通过整体核心 PI 规范产品的整体特征，各品类产品可根据品类属性以及流行时尚进行动态化管理，在逐步摸索中形成一套具体的、成长性的 PI 管理系统。

6.1.2　小熊电器多层级系统化动态 PI 策略

多层级的 PI 策略以核心 PI 规范为主，结合不同场景特征及产品品类，进行整理提纯，形成动态化的 PI 规范指导系统。灵活的规范方式更加有利于企业多品类、数量庞大的产品体系，有利于通过快速迭代构建系统化的产品形象。

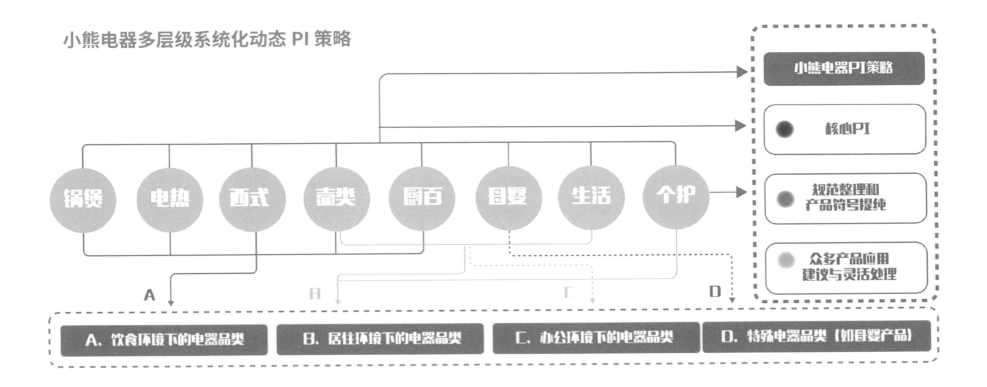

小熊电器多层级系统化动态 PI 策略

6.2　小熊电器产品 PI 意向定位目标

　　PI 意向定位是指企业在市场竞争中，为了塑造独特且引人注目的品牌形象，对自身产品进行深入剖析和精准定位的过程。这一过程旨在寻找并确立企业产品的独特标识度，确保其在消费者心中占据独一无二的地位。通过精心设计的策略和方法，企业会将这些独特的品牌形象元素融入产品中，通过产品的外观、功能、服务等多个维度展现出来，使消费者在使用产品的过程中，能够深刻感受到企业所传递的品牌理念和价值观。

　　PI 意向定位目标的实现，不仅有助于提升企业的市场竞争力，还能在消费者心中形成强烈的品牌认知度和忠诚度。当消费者在面对众多同类产品时，能够迅速识别并选择该企业的产品，从而为企业带来稳定的客源和持续增长的市场份额。因此，PI 意向定位目标是企业品牌建设的重要组成部分，需要企业投入大量精力和资源，进行持续的探索和实践。

6.2.1　意向定位

　　品牌的企业文化通过在产品与使用者之间构筑联系，从而让使用者对品牌的抽象形象、产品的具体形象以及品牌的特殊文化核心产生认知联系。如同 20 世纪的集体社会意向，提起"五四精神"，立刻会联想到李大钊；提起"科学家"，立刻会联想到爱因斯坦，这便是最终的意向定位。

时代与城市都具有主体认知的联想

李大钊 **五四精神**

爱因斯坦 **科学巨匠**

深圳 **创新之城**

北京 **厚韵古都**

巴黎 **浪漫之都**

意向与认知的深度链接

意向与认知的深度关联是人类认知的一种基础逻辑。主动、有策略地构筑意识与认知的链接
有助于深度绑定用户，有效做好企业品牌定位，构筑用户对于企业的精准认知。

企业产品文化也具有相同的认知关联性

6.2.2　小熊电器品牌意向定位

　　小熊电器最大的认知点在于"萌",而我们如何来定义"萌"呢?"萌"有很多种,我们如何在众多的"萌"当中找到适合小熊的?应当从使用者的认知角度和生活形态出发,结合历史产品所积累形成的整体印象,进行整体系统性的定位。

情感治愈　　萌系定位　　年轻时尚

6.2.3　使用者认知角度分析

对于小熊电器的产品，消费者的认知路径主要包括其在网络消费过程中的浏览、购买后的使用以及收纳过程。基于这些角度分析，年轻消费者更加注重产品浏览过程中的颜值，使用过程中的仪式感以及最终收纳过程的便捷性、装饰性和情感治愈。

	产品认知角度	应具备特点	识别角度
1 / 浏览		易识别性 独特性	
2 / 使用		易用性 美观性 系统协调性	
3 / 收纳		便捷性 装饰性 安静、温暖	

6.2.4　PI 侧重点分析

　　结合小熊产品使用者生活的宏观背景、生活形态，以及使用过程中的功能及情感需求，归纳整理出具有针对性的产品 PI 侧重点，指导整体 PI 规范的制定。

大背景

生活形态

- 生活及心理压力大
- 居家生活时间长
- 网络购物成消费常态
- 电器类超 90% 网络购买

- 更喜欢消费
- 消费更理性
- 更注重颜值
- 更注重设计感

- 更注重仪式感
- 更注重健康
- 更愿意接受新鲜事物
- 心理需求成重要关注点

PI 侧重点

- 提供家庭温暖的氛围
- 更加轻松的生活方式
- 愉悦的使用体验
- 品质的保障

- 生活小帮手
- 趣味可爱颜值担当
- 轻仪式感
- 符合小众调性

- 符合网络销售渠道的消费特征
- 新颖的体验

6.3　小熊电器 PI 意向析出

6.3.1　小熊电器 PI 定位的内涵

功能上
萌得科学、萌得好用易用

识别上
萌得独特、萌得统一、萌得新颖、萌得自然

心理上
萌得知性、萌得亲和、萌得治愈

6.3.2　小熊电器历史产品印象

小家电　可爱熊　萌萌哒　个性　独特

6.3.3　小熊电器 PI 设计策略关键词群

温暖

品质

生活

愉悦

萌

PI 设计策略关键词

舒适

时尚

情感
治愈

轻松

创意

感性，知性，为用户着想；生活陪伴（让
生活更便捷、轻松）；情感治愈，减轻压力；
时尚潮流；品质保障

6.4 小熊电器 PI 意向定位

6.4.1 PI 意向定位 A

经过对小熊产品历史形象的考察，以及消费者、使用者生活形态、认知要素的分析，发现产品的核心关注意向为温润、柔和、温暖、舒适、安全、治愈的"萌"，这种"萌"不仅体现在产品比例上的调整，还应当在整体色彩和材质处理上能够传达温润、柔和、温暖、舒适、治愈的感受，并且要具有清晰的识别点。

经过筛选，朦胧感材质处理方式符合以上要求。一方面其在视觉和触觉感受上传达温暖、治愈、柔和的感受；另一方面目前这种处理方式在家电领域采用得不多，更具有识别性。

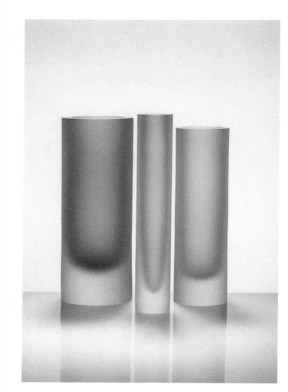

物 / 朦胧柔润质感

6.4.2　PI 意向定位 B

　　渐变哑光的材质处理方式是一种备用的选择。一方面其在视觉、触觉和感受上传达温暖、治愈、柔和的感受；另一方面目前这种处理方式在家电领域采用得不多，更具有识别性，且产品靓丽时尚，在传达温暖、治愈感受的同时，也表达了不一样的自我。

人 / 女性渐变色系

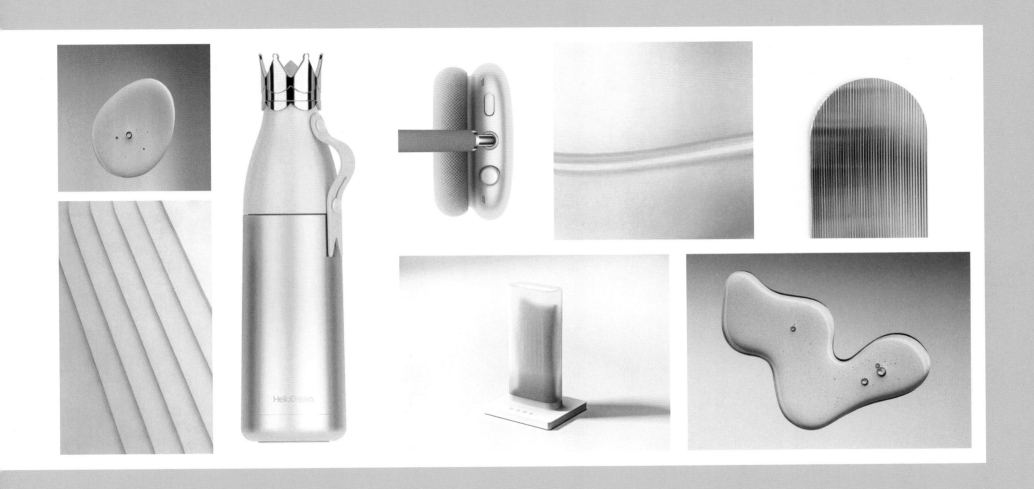

企业 PI 策略应用

——以"小熊电器"企业 PI 应用规范为例

对小熊电器产品形象的重新定义考察，需要从基础出发，寻找品牌内在的产品形象因素，例如品牌文化、品牌特点等，以及一些外在的社会因素，例如社会消费环境、整体生活趋势、生活形态、消费者习惯等，从而构建起整体产品形象的基本面，为 PI 设计提供科学依据。

第 7 章

小熊电器 PI 应用规范

PI APPLICATION SPECIFICATION FOR THE BEAR

　　企业 PI 应用规范是指一套详细指导产品设计、生产和营销推广中如何标准化地应用品牌识别元素的准则，包括但不限于品牌的视觉元素（如标志、色彩、字体）、语言风格、产品外观和包装设计等方面。PI 应用规范是构建和维护强大品牌资产的关键工具，它不仅关乎美学与设计，更是企业战略层面的重要组成部分，对于塑造和传播品牌形象具有不可估量的价值。

7.1 小熊电器产品造型应用规范

　　产品造型应用规范在企业 PI 应用规范中占据着举足轻重的地位。这一规范不仅要求产品造型能够精准传达企业文化的核心精髓，还要与消费者对企业及其产品形象的既有认知和期望相契合。通过精心设计和塑造独特的产品造型识别特征，企业能够使其产品在市场上脱颖而出，拥有更高的识别度和区分度。这样的产品造型不仅能够增强消费者对品牌的记忆和认同，还能有效促进品牌价值的提升和传播。因此，优化和完善产品造型应用规范，是企业构建和巩固品牌形象的必要步骤。

小熊电器总体造型应用指导原则

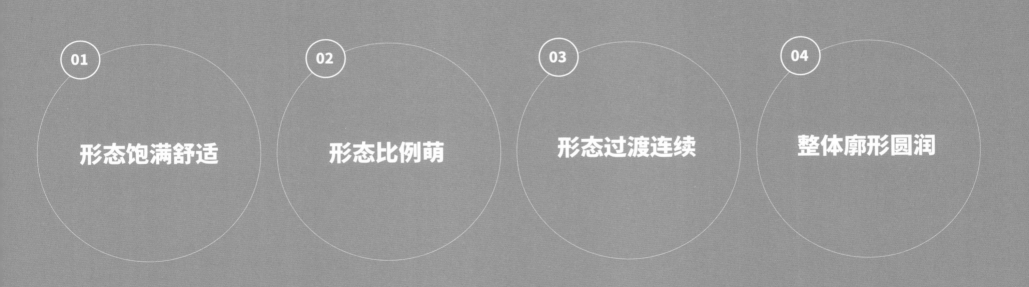

01 形态饱满舒适

02 形态比例萌

03 形态过渡连续

04 整体廓形圆润

7.1.1　过往产品梳理

　　对小熊电器的过往产品进行梳理，发掘过往产品积累下来的产品语言及产品的结构、比例等识别特征，这些特征已经沉淀为消费者对于小熊电器的理解与联想锚点，因此对这些特征进行梳理并有选择地继承十分必要。

小熊电器过往优秀核心产品矩阵

7.1.2　产品造型识别点与功能点分型梳理

对小熊电器过往产品中主要的小家电进行分析，发现这类产品整体以上下结构为主，底部造型更加趋于统一，呈现向内收的饱满圆润曲线，上部作为功能结构部件，形态各异。因此可以将这样的产品语言形式继承下来，并进一步总结凝练产品底部的造型语言，形成小熊特有的造型语言，顶部的造型在满足产品功能需求的条件下，与整体形态以及小熊产品的整体风格保持一致，保持横向各产品之间设计语言的统一。

对小熊产品进行梳理，发现其具有以下特点：

（1）除去底部以外的区域（A 区域），具有不同的特点和风格，可以作为展示小熊产品个性的区域。

（2）产品的底部（B 区域）大部分具有圆润的造型特点，可以将这一特点继承并统一起来。

7.1.3　产品形象分型策略

　　小熊产品设计刻意强化底部构造的和谐统一，采纳内敛而丰盈的圆弧曲线，以此塑造其标志性的形态基底。相比之下，上部结构则灵活多变，紧随功能需求的多样性，展现出各具特色的设计巧思。基于此，我们有意提炼并升华这一独特的造型语汇，特别是在产品底部设计上，浓缩其精华，孕育出独树一帜的"小熊造型语境"。此设计语言不仅是企业文化的承载者，还是产品系列宏观设计哲学的守护者，贯穿并统摄整个产品线，成为"小熊设计语言"的鲜明标志。

　　与此同时，产品顶部设计在确保功能实现的卓越性基础上，精心协调与整体形态的默契融合，既忠实地反映了小熊产品的风格特质，又巧妙地传递了每款产品的独特市场定位。这一设计哲学旨在维持产品间视觉语言的一致性，同时巧妙地营造各产品间的差异化造型特征，从而在满足用户多样化需求的同时，巩固小熊品牌在设计领域的独特地位与辨识度。通过这种上下呼应、功能与美学并重的设计策略，小熊电器不仅实现了产品间的和谐对话，也为用户带来了兼具美感与实用性的产品体验。

使用者需求，中观、微观形象

　　通过上部造型、色彩、材质、纹样、工艺
设计实现体系化识别，通过上半部分的功能语
言区分品类。

区域载体内容层级

　　产品功能

　　使用者需求

　　时尚、潮流文化

　　系列化语言

　　企业文化

核心企业文化，宏观形象

　　通过产品下半部分的一致性语言，传达小熊
电器温暖、可爱的形象，传达小熊电器的企业文
化，实现宏观 PI 整体控制。

区域载体内容层级

　　企业文化

　　产品功能

　　使用者需求

　　时尚、潮流文化

　　系列化语言

7.1.4　产品底部廓形规范

小熊产品整体底部廓形原则：

（1）底部廓形饱满，过渡流畅；

（2）底部廓形形态尽可能周正，不要形成特殊异形，不要产生大的曲率变化；

（3）底部廓形传达的感受：圆润舒适，"墩墩感"；可以捧在手心中的舒适感；圆润贴合的柔和感受。

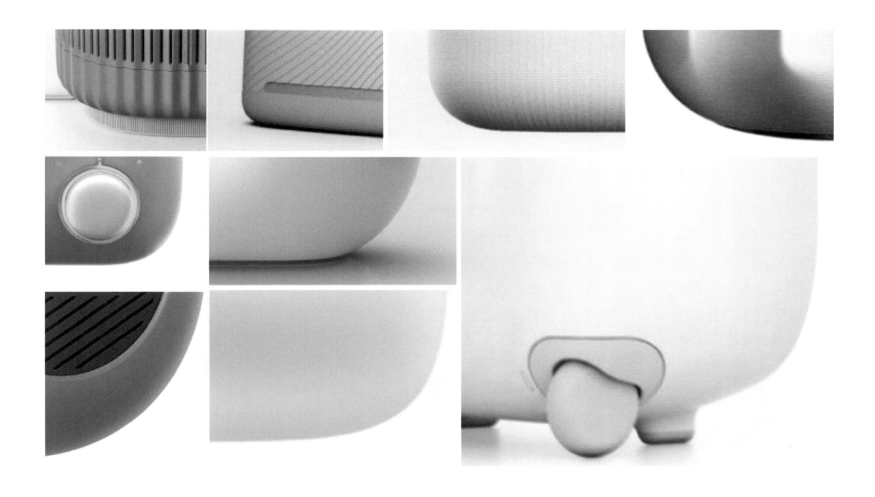

7.2　小熊电器产品色彩应用规范

　　在产品设计中，色彩的应用规范扮演着至关重要的角色，它与产品的整体形象和企业文化紧密相连。产品色彩的选择不仅能直观地展示企业的文化特色和核心价值，还深刻地体现了企业对于产品特征的精准定位。因此，对色彩的应用研究显得尤为重要。色彩作为视觉传达的重要元素，能够迅速捕捉消费者的注意力并引发情感共鸣。企业通过对产品色彩的精心挑选和搭配，可以营造出独特的品牌形象，让消费者在众多竞品中迅速识别出自己的产品。同时，色彩也是企业文化的外在表现，它传递着企业的价值观、愿景和使命，帮助消费者更深入地了解企业的文化内涵。

小熊电器总体色彩应用指导原则

01 色彩活泼可爱

02 莫兰迪色彩为主

03 与使用环境协调

04 色彩符合流行趋势

7.2.1 色彩应用规范

产品色彩是 PI 的主要内容之一，是传递产品理念、企业价值观的主要媒介。色彩的应用对于系列产品的设计至关重要，小熊的 PI 定位在"萌"，因此应当选用更具亲和力的色彩。经过考察，莫兰迪色系的色彩符合这一要求，这类色彩饱和度低，明度较高，整体色调让人感觉更加亲切、温暖、年轻，因此整体的色彩控制应以这种色调为主。

控制指标

规范参考说明：整体色彩范围取自莫兰迪色系与小熊电器历史产品色彩趋势。整体色彩倾向可参考以上指标，具体色彩数值根据实际效果选择。整体原则：**高明度，低纯度；用色彩传达温润与亲和的感受。**

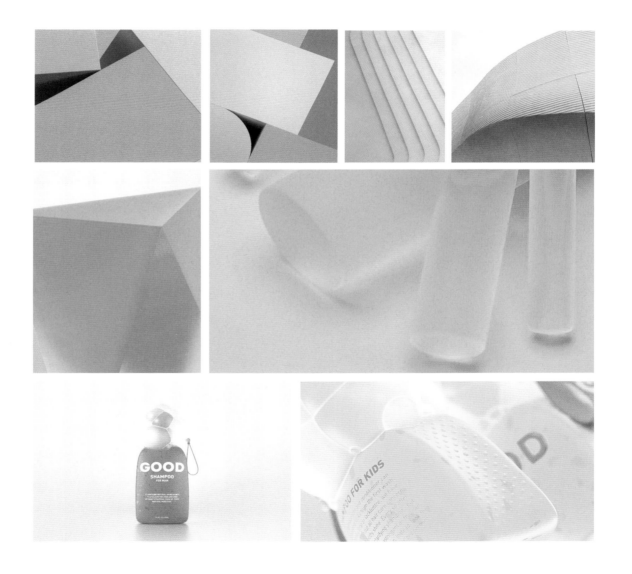

7.2.2　色彩不标准应用警示说明

小熊电器的 PI 定位在"萌"，莫兰迪色系的色彩饱和度低，明度较高，整体色调让人感觉更加亲切、温暖、年轻，因此整体的色彩控制应以这种色调为主。

此处色彩不标准应用主要是明度低、纯度高，色彩明度低会显得阴郁，让人感觉心情沉重，缺乏轻松愉悦感；色彩纯度太高会具有攻击性，冲击力太强，缺乏亲和力。

色彩不标准应用警示

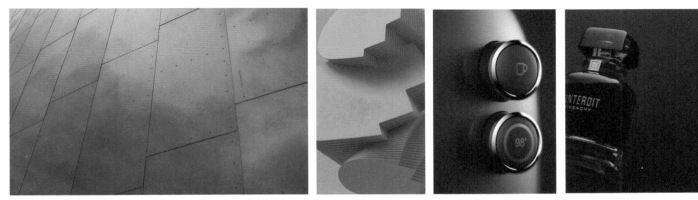

色彩纯度高，缺乏亲和力，常规产品系列不适用（特殊系列可酌情使用）。

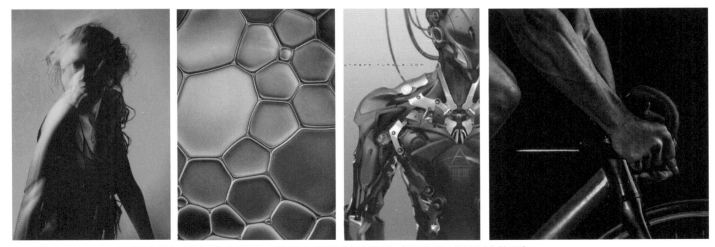

色彩明度低，与企业传达的轻松愉悦感相悖，常规产品系列不适用（特殊系列可酌情使用）。

7.3 小熊电器产品材质应用规范

材质在产品设计中的地位不容忽视，它是构成产品实体和触感体验的关键因素。不同的材质能够为用户带来截然不同的感受，因此，对产品材质的应用管理显得尤为重要。

优秀的材质管理不仅体现了企业对产品开发的深度重视和匠心独运，更是对用户体验的细致关怀。通过精心挑选和严格把控材质的品质与特性，企业能够显著提升产品的整体体验感，使用户在使用过程中更加舒适、顺畅，为用户带来更加愉悦的互动享受；还能有效地提升企业的品牌形象，当消费者在使用产品时，能够感受到企业对于产品细节的用心和追求，从而增强对品牌的信任度和忠诚度。这种无形的品牌力量将为企业带来更多的商业机会和竞争优势。

小熊电器总体材质应用指导原则

01 色彩搭配舒适

02 材质整体温润

03 材质触感柔和

04 与使用环境协调

7.3.1 半透明亚光类材质

1. 意向图

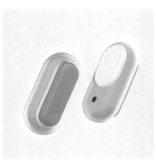

2. 控制指标

通过材质搭配形成意向图对应效果，内部材质采用亚光塑料，外层覆半透明硅胶，或亚光塑料（如 PMMA 等）。

3. 应用方略

应用于日常以年轻女性为目标人群的产品，可以多品类应用。

创新材质应用的探索，可以少品类少量产品加以研发应用。

整体材质内层为亚光塑料

材质外层覆半透明硅胶、亚光塑料（PMMA）

半透明亚光类材质具有温润、通透、柔和、亲和的质感，给人活泼、温暖的感受，应用于日常用品当中，在凸显产品品质的同时，识别度也很高。

7.3.2　亲和细腻亚光材质

1. 意向图

整体材质为亚光塑料

2. 控制指标

　　亚光塑料材质在日常消费品中很常见，所以要在视觉、触感方面做到准确把控，传达小熊电器产品的特质。

　　视觉：亚光纹理细腻、柔和。

　　触觉：整体触感温润、柔和（类乳胶漆的触感）。

3. 应用方略

　　应用于日常常规目标人群产品，是基于传统产品的优化，所有类别产品均可应用。

7.3.3 亚光渐变亲和感、渐变色类材质

1. 意向图

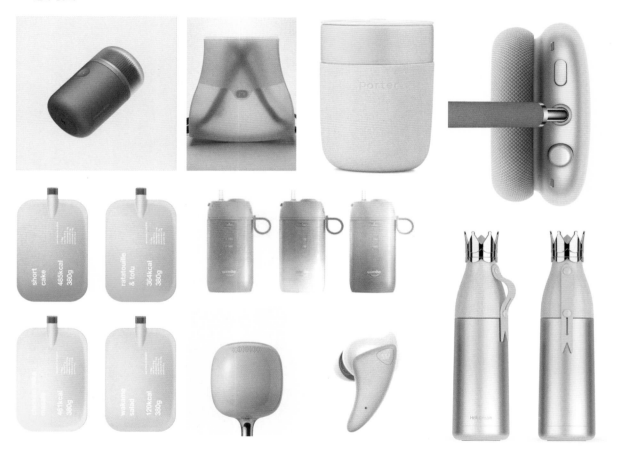

2. 控制指标

产品不同部件结构之间采用不同的材质处理手法，色彩采用渐变色（邻近色），最多使用两种色彩，以防整体色彩混乱。

3. 应用方略

应用于日常以年轻女性为目标人群的产品，可以多品类应用。

创新材质应用的探索，可以少品类少量产品加以研发应用。

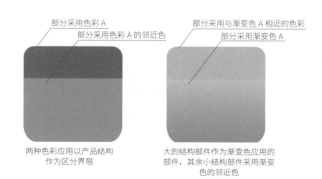

渐变色（邻近色）色系应用是目前的一种趋势，这种色彩应用方式能够让产品更有层次，整体效果更加丰富，色彩更加和谐统一，营造一种品质感。

半透明
柔润类材质

亲和细腻
柔光材质

渐变亲和感
渐变色类材质

7.4 小熊电器产品细节应用规范

在产品设计中，细节处理往往容易被忽视，但其重要性却不容忽视。统一协调的产品细节处理，不仅能够显著提升使用者的整体体验，还能够准确传达企业文化的精髓，让使用者深切感受到企业产品的精致与完美。

优秀的按钮、界面等产品布局细节设计处理，不仅使产品独具特色，而且保持产品形象的完整统一，既体现了企业的文化意向性，又能够引导使用者高效、便捷地完成操作。这些看似微小的细节，实则蕴含着企业的匠心独运和对用户的深度关怀。因此，在产品设计中，企业应高度重视细节处理，从用户的角度出发，深入挖掘用户需求，精心打磨每一个细节，确保产品的每一个部分都能为用户带来卓越的体验。通过这样的努力，企业不仅能提升产品的市场竞争力，还能进一步巩固和强化品牌形象，赢得更多用户的信任和喜爱。

小熊产品细节应用基本原则

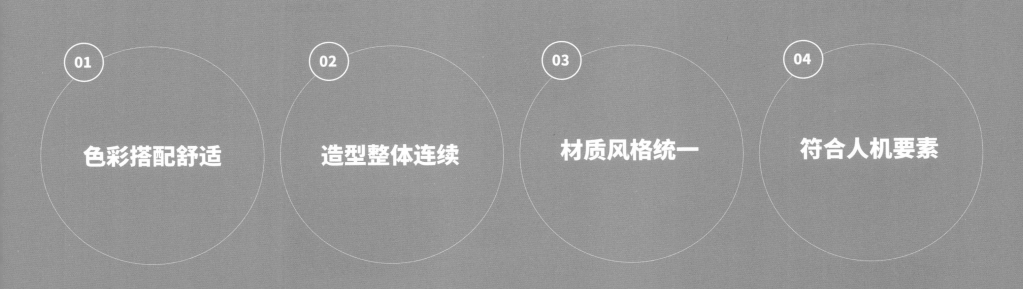

01 色彩搭配舒适

02 造型整体连续

03 材质风格统一

04 符合人机要素

7.4.1　产品支脚对比分析

　　支脚是家电类产品的必备结构，也是一处在设计时容易被忽视的结构，但这部分的处理最能够体现出设计的精细与巧思。因此小熊电器可以对产品支脚处的设计进行调整，融入品牌的文化元素，从而与其他品牌形成较大的差异。另外小熊电器专注于小家电产品，而小家电的特点是方便挪动，因此支脚部分的设计也更容易受到关注，这也是小熊电器产品的特点与机会。

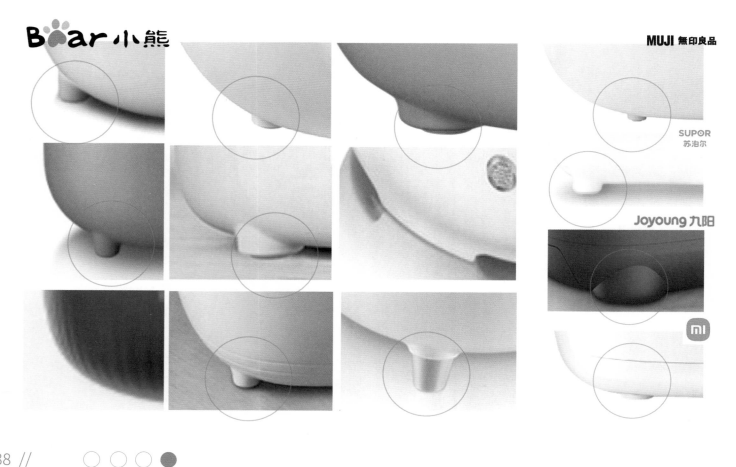

与其他品牌相比，
小熊的优势在哪里

"小熊"
可爱的形象深深植入消费者心中

小熊电器产品的支脚相较于其他品牌产品而言特征性更强，可以将小熊的形象融入其中。脚垫采用熊爪的设计，继承小熊品牌元素，增强小熊产品特点，同时给用户带来不经意间的小欣喜。比如，厨用电器脚垫常常会在桌面上留下一些水印，而小熊产品留下的是一连串的小熊爪印……

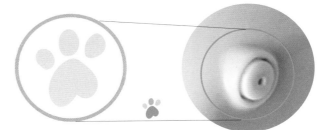

调整后的脚垫　　　　　原产品的脚垫

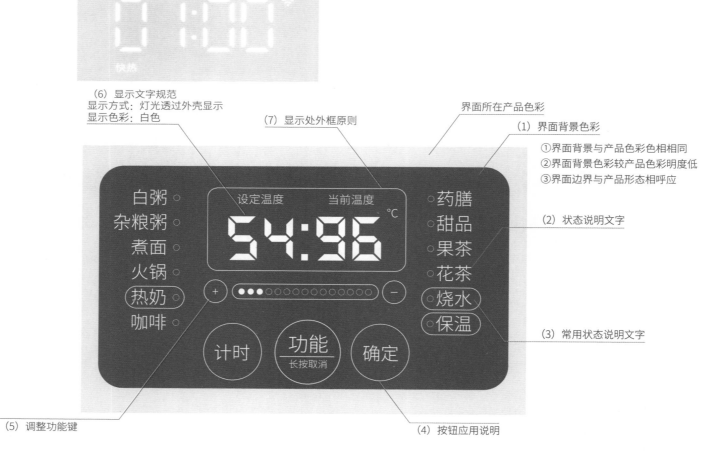

（6）显示文字规范
显示方式：灯光透过外壳显示
显示色彩：白色

（7）显示处外框原则

界面所在产品色彩

（1）界面背景色彩

①界面背景与产品色彩色相相同
②界面背景色彩较产品色彩明度低
③界面边界与产品形态相呼应

（2）状态说明文字

（3）常用状态说明文字

（5）调整功能键

（4）按钮应用说明

7.4.2 交互界面 / 按钮应用规范

交互界面是用户与产品交互的核心区域，交互界面不仅要准确传达交互信息，让用户准确、轻松地进行交互行为，而且也是 PI 设计的重要部分，影响着产品的颜值。因此交互部分的处理应当有规范，而不是给用户一种潦草敷衍的感觉，这样只会拉低产品的品质感与体验感。

1. 按钮使用字体

界面字体：（方正）准圆简体

2. 按钮尺寸

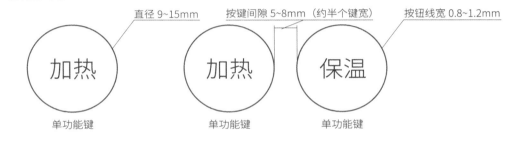

3. 按钮区域

4. 功能键规范

直径 6~9mm

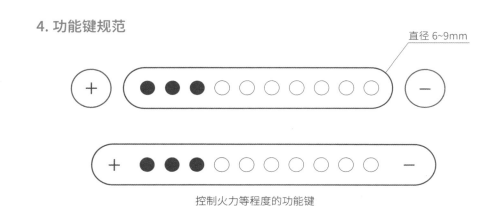

控制火力等程度的功能键

5. 按钮点亮规范

指示灯

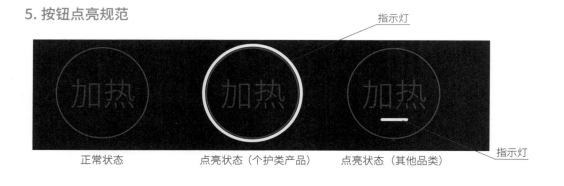

正常状态　　　　　点亮状态（个护类产品）　　点亮状态（其他品类）

指示灯

6. 色彩使用原则

7. 色彩使用示范

背景亮色系列

背景暗色系列

说明：一般情况下，为了便于识别，操作界面的背景色彩应尽量采用辅助色彩，即灰色系；本示例仅作为原则性示范。

8. 状态信息规范

信息指示文字规范

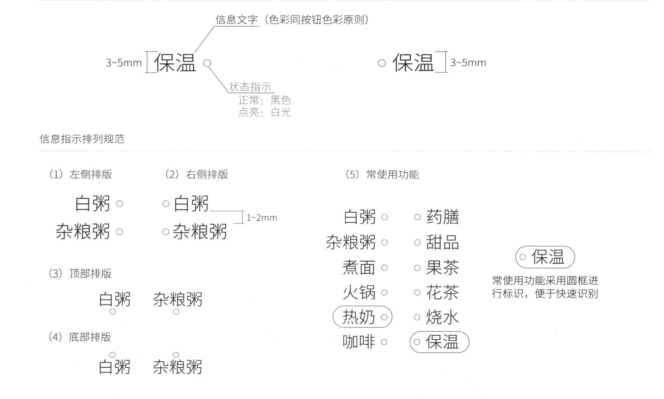

信息文字（色彩同按钮色彩原则）

3~5mm 保温

状态指示
正常：黑色
点亮：白光

保温 3~5mm

信息指示排列规范

（1）左侧排版

白粥 ○
杂粮粥 ○

（2）右侧排版

○ 白粥
○ 杂粮粥

1~2mm

（3）顶部排版

白粥　杂粮粥

（4）底部排版

白粥　杂粮粥

（5）常使用功能

白粥 ○　○ 药膳
杂粮粥 ○　○ 甜品
煮面 ○　○ 果茶
火锅 ○　○ 花茶
热奶 ○　○ 烧水
咖啡 ○　○ 保温

○ 保温

常使用功能采用圆框进
行标识，便于快速识别

范例 01

原 /

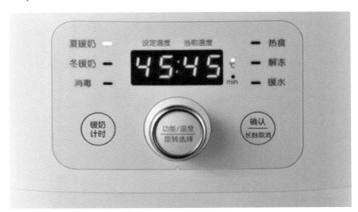

新 /

范例 02

原 /

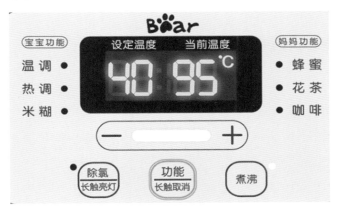

新 /

7.4.3 物理旋钮 / 按钮应用规范

旋钮 / 按钮作为日常家电的常用交互方式，不仅是用户与产品直接交互的端面，同时也是理解、感受产品的直接触点，因此对其的处理十分重要。为了贯彻品牌"萌家电"的定位，衬托小熊"萌"的产品特征，旋钮 / 按钮采用圆润的形态特征，融入小熊电器企业文化特色与识别点，增强产品的识别度，与企业品牌产生链接。

旋钮指示标识及比例

旋钮采用大圆角处理，
尺度参考整体比例

旋钮指示标识
同时作为产品识别点

造型类似卡通小熊的鼻子
（材质采用高亮小熊橘色）

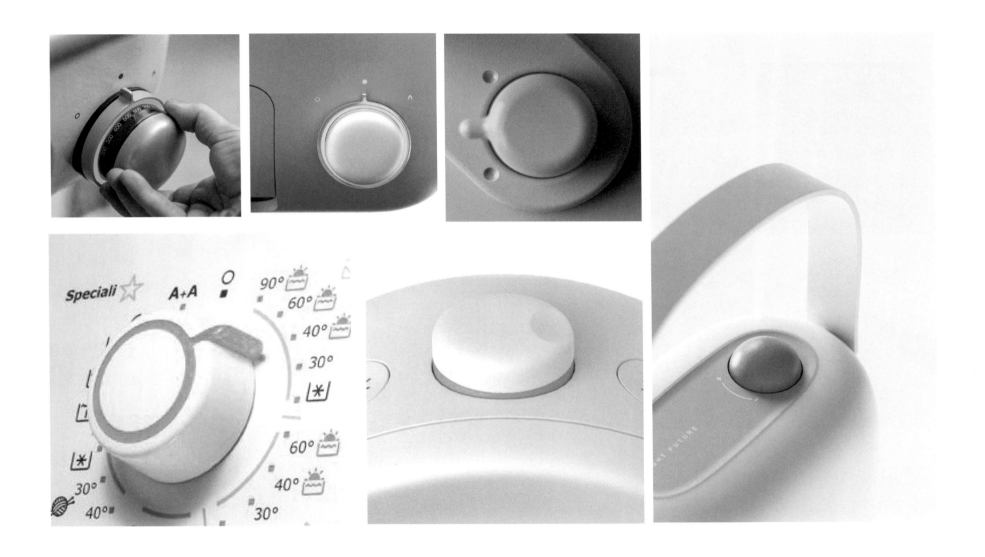

1. 物理旋钮应用规范

1) 意向图

2) 控制指标

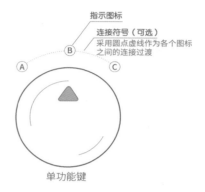

指示图标

连接符号（可选）
采用圆点虚线作为各个图标
之间的连接过渡

单功能键

● **图标设计规范**
图标设计要清晰明确，整体风格一致，易于理解。

● **图标色彩应用规范**
图标色彩应用须参考产品主体色彩，如产品整体色彩明度较低，则图标采用白色 (C0，M0，Y0，K0)；如产品整体色彩明度较高，则采用 60% 灰度 (C0，M0，Y0，K60)，为增加识别度，可酌情进行烫银处理。

　　旋钮指示标识的设计对于产品交互而言十分重要，因此对于指示标识的设计要形成统一规范，提升使用者与产品交互的效率，同时可以传达产品的品质与企业文化。

2. 物理按钮应用规范

1）意向图

2）控制指标

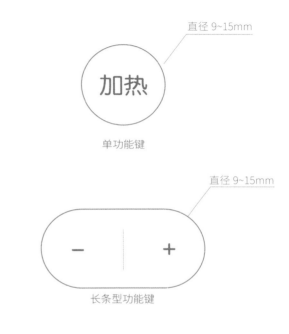

直径 9~15mm

加热

单功能键

直径 9~15mm

－ ＋

长条型功能键

按钮整体风格圆润饱满，过渡流畅舒适。材质可以酌情
与主体材质进行搭配处理。

    为了完美贴合小熊品牌所倡导的"萌"系产品特性，按钮设计采纳了圆润饱满的外形，这一细节处理不仅赋予产品以亲切、温馨的视觉印象，更深层次地融入了小熊企业文化的精神内核与独特的品牌识别元素。通过这样的设计手法，按钮不仅成为产品设计中一个引人注目的亮点，也有效增强了产品的可识别性，建立起用户心中产品与品牌之间的牢固联系，如同一个精心设置的"萌"系锚点，深化了消费者对小熊品牌的情感共鸣与记忆点。

7.4.4 小熊电器品牌标识应用规范

1. 品牌标识设置原则

（1）标识设置在产品下部，压低产品视觉重心，凸显品质感。

（2）对于对称产品，标识设置在其中轴线上。

（3）如果产品正面无空间，将标识设置在产品局部部件的中轴线上。

（4）如果产品正面由于安置按钮结构等原因，没有空间放置标识，则将标识安置在产品的背面或者底面中轴处，保持产品界面的整体外观整洁。

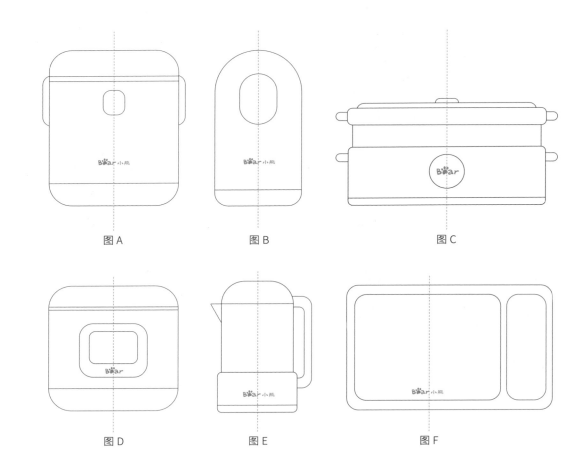

图A   图B   图C

图D   图E   图F

2. 品牌标识特殊位置

　　（1）对于产品正面由于操作面板、操作按钮而没有空间的产品，将标识设置在顶部。

　　（2）对于结构分离的产品，其标识安排在产品背面或底面，可以识别品牌即可，不需要放置在太过显眼的位置，以免影响使用体验。

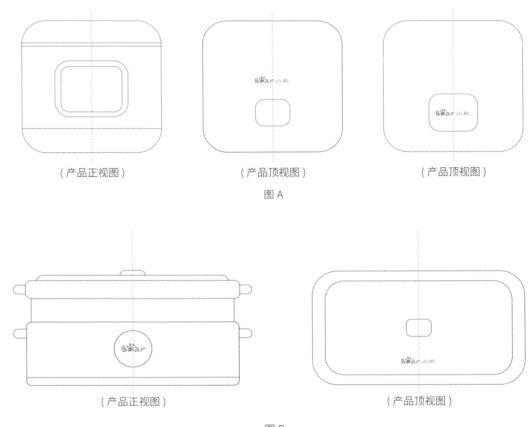

（产品正视图）　　　　　（产品顶视图）　　　　　（产品顶视图）

图 A

（产品正视图）　　　　　　　　（产品顶视图）

图 B

3. 品牌标识错误使用警示

品牌标识应采用规范的布置方式:

（1）标识要正向布置，不可卧排。

（2）对称性产品，标识应尽可能居中布置。

（3）对于存在分体结构的产品，标识应布置在主体结构上。

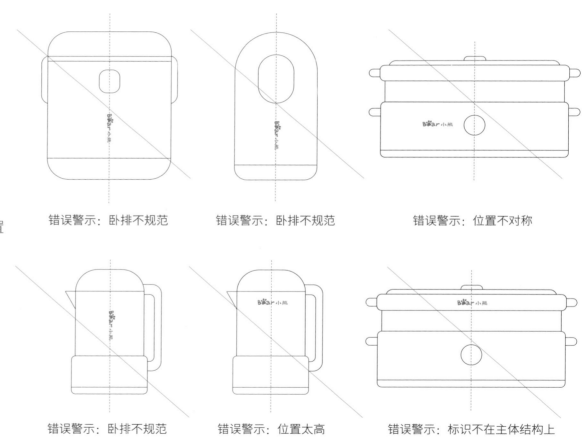

错误警示：卧排不规范　　　　错误警示：卧排不规范　　　　错误警示：位置不对称

错误警示：卧排不规范　　　　错误警示：位置太高　　　　错误警示：标识不在主体结构上

彩色材质

灰色材质

4. 品牌标识色彩应用规范

（1）色彩：为了便于识别，对于明度较低的表面采用银色标识；对于明度较高的表面，采用 80% 灰度的标识（也可根据产品效果情况适当灵活调整）。

（2）加工工艺：UV 转印，贴面，金属光泽移印。

第 8 章

流行趋势及应用场景研究

TREND AND APPLICATION SCENARIO STUDY

流行趋势及应用场景研究，作为企业前瞻性地把握市场脉动、洞察未来事业方向的关键举措，具有极其重要的战略价值。通过深入研究流行趋势，企业能够紧跟时代的步伐，精准地捕捉市场发展的脉搏，及时调整经营策略，确保在市场变革中保持领先地位。

　　在流行趋势的研究中，企业不仅要关注宏观的社会经济变化，还须深入挖掘消费者需求、审美观念以及科技发展的最新动态。这些元素共同构成了市场发展的驱动力，直接影响着企业的产品设计和市场推广策略。通过深入分析这些趋势，企业可以预见未来的市场走向，为自身的创新和发展提供有力的指导。

　　同时，应用场景的研究也是企业洞察未来事业方向不可或缺的一环。不同的产品或服务，在不同的应用场景下，其市场需求和竞争态势也会有所差异。因此，企业需要深入了解目标客户的生活方式、使用习惯以及潜在需求，从而精准定位产品或服务的最佳应用场景。这不仅有助于提升产品的市场接受度，还能为企业开拓新的市场空间提供有力的支持。

8.1 产品风格流行趋势

企业进行产品风格流程趋势研究的重要性毋庸置疑，这不仅是确保企业市场竞争力的关键因素，也是推动企业持续创新和产品优化的核心驱动力。深入研究产品风格流程趋势有助于企业洞察市场动态，精准把握消费者需求和偏好的细微变化。通过敏锐捕捉市场趋势，企业能够准确预测产品的发展方向，避免盲目跟风，实现资源的优化配置。

产品风格流程趋势研究不仅帮助企业发现新的设计理念和技术趋势，还能促使企业在产品设计和制造过程中融入创新元素，从而增强产品的独特性和竞争力。这样的产品往往能够在市场中脱颖而出，迅速吸引消费者的目光，提升市场占有率。

此外，产品风格流程趋势研究还能够揭示产品设计、制造和上市过程中的最佳实践，为企业提供宝贵的经验借鉴。通过学习和应用这些最佳实践，企业能够优化产品设计流程，提高设计效率和质量，进一步缩短产品开发周期，降低开发成本，从而提升产品的性价比。

产品风格作为企业品牌形象的重要组成部分，其独特性和一致性对于塑造品牌形象至关重要。通过深入研究产品风格流程趋势，企业能够形成独特且富有辨识度的产品设计风格，增强品牌的识别度和记忆度。这不仅有助于塑造独特的品牌形象，还能提高品牌的知名度和美誉度，为企业赢得更多消费者的信任度和忠诚度。

1. 复古美学类

目前，电器尤其是音响等电子类产品应用这类复古 CMF（颜色、材质、工艺）处理的形式较多，家用电器也在出现这种趋势。

2. 中性灰调

　　电子类产品的灰调处理依然是产品的主流形式，电器类产品也在
偏向这类趋势。

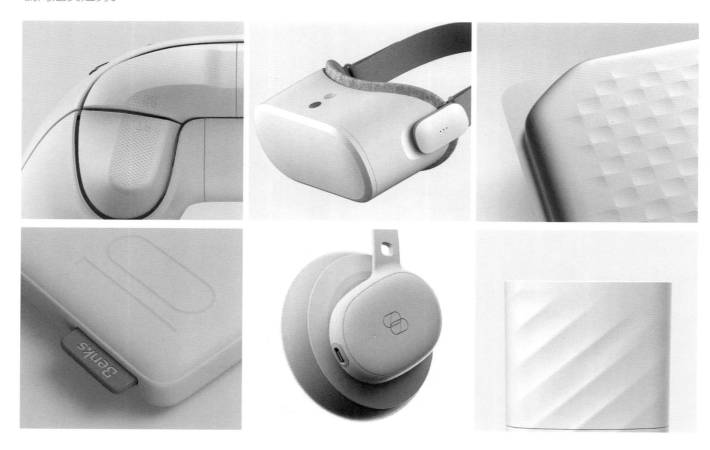

3. 商务亚光黑

目前新发布的一些家电类产品比较喜欢使用商务亚光黑色的材质
处理方式，以彰显产品的高端品质。

4. 秸秆塑料

随着环保要求进程的加快，秸秆塑料这类环保塑料的应用成为一种流行风尚，尤其是在餐具用品领域，目前厨用电器领域使用这类材质的较少。

5. 时尚渐变

　　这类时尚渐变设计方式在平面及服装设计领域很流行，在日用产品方面应用也较广泛，以产品包装设计为代表。

6. 酸性渐变设计

这种酸性渐变设计最早在平面设计领域流行，之后开始应用在服装、产品包装领域。这种设计十分前卫，营造出独特的视觉冲击力，是当下年轻人中流行的一种装饰风格。

7. 参数化纹理

　　参数化纹理的应用在工业产品领域已经十分普及，这种纹理应用在一些装饰以及散热孔、排气孔等功能部件上，营造出渐变参数化的纹理形式，形式丰富多样，十分具有装饰性。

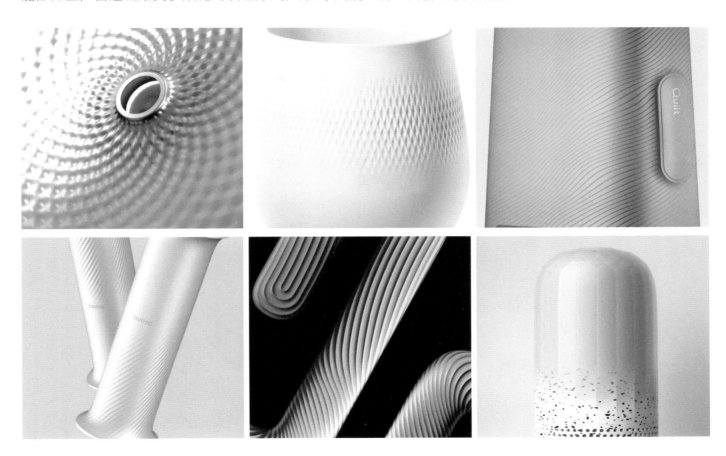

8. 卡通风格

卡通风格产品近年来越来越受欢迎，特别是在年轻人中间。这种流行趋势不仅局限于玩具行业，还延伸到服装、家居、电子产品等多个领域。

8.2 产品色彩流行趋势追踪

产品色彩的选择需要符合用户需求，同时紧跟流行趋势。这些趋势的来源是多元化的，并且会随着时间和社会文化的变化而变化。以下是一些常见的色彩趋势来源。

(1) 时尚、艺术和文化的影响：艺术展览、电影、音乐和文化事件经常引领新的色彩趋势，比如某部热门电影或艺术家的作品可能会带火一种特定的色彩或色彩组合。

(2) 色彩专业机构的研究报告：专业的色彩机构，如潘通（Pantone），每年都会发布新的年度色彩趋势报告。这些报告基于市场研究、消费者心理和社会文化趋势，为设计师和品牌提供了重要的色彩指导。

(3) 自然环境和社会事件的影响：自然环境的变化（如季节更替、气候变化）和社会事件（如奥运会、世博会等）也可能成为色彩趋势的灵感来源。

(4) 用户的生活方式：直接了解消费者的需求和喜好是确定产品色彩趋势的关键。通过市场调研、用户访谈和在线调查，设计师可以了解目标受众对色彩的偏好和期望。

8.2.1　时尚、艺术和文化的影响

1. 布达佩斯大饭店对于产品色彩的影响

　　电影《布达佩斯大饭店》对产品色彩设计产生了深远的影响。这部影片以其独特的色彩运用和视觉风格，为现代产品设计的色彩选择和搭配提供了丰富的灵感和启示。设计师们可以从电影中汲取色彩灵感，将其运用到产品设计中。例如，在家居产品设计中，设计师可以借鉴电影中的粉色和蓝色搭配，营造出温馨、浪漫的家居氛围。

2. 莫兰迪绘画对于产品色彩的影响

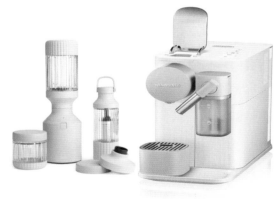

　　莫兰迪色彩理论，由意大利艺术家乔治·莫兰迪（Giorgio Morandi）提出，以其独特的色彩和谐与平衡感而著称。莫兰迪的色彩风格强调中性色调的运用，如灰色、米色、蓝色等，并注重色彩之间的微妙过渡与协调，营造出一种静谧、温馨的氛围。这种色彩理论在产品设计领域具有广泛的应用，不仅影响着产品的视觉效果，还对产品的市场接受度、品牌形象和消费者心理产生了深远影响。

8.2.2　色彩专业机构的研究报告

1. 潘通 2018—2023 年度色

2. 一些知名色彩服务商

Pantone	RAL	Dulux	Behr	Jotun	PPG	SICO	Sherwin Williams	WGSN	Benjamin Moore

　　色彩专业机构如潘通（Pantone）等，每年都会发布新的色彩趋势报告。这些报告基于市场研究、消费者心理和社会文化趋势的分析，为设计师和品牌提供了重要的色彩指导。例如，潘通每年都会选择一种"年度代表色"，这种颜色往往能反映出当年的社会情绪和文化氛围，成为当年设计领域的流行色。对于产品设计师来说，参考这些权威的色彩趋势报告，可以帮助自己更好地把握市场脉搏，设计出更符合消费者审美和期望的产品。

　　另外，色彩专业机构的研究报告还提供了关于消费者偏好的数据和分析。这些数据可以帮助设计师了解目标用户对色彩的喜好和期望，从而在产品设计中选择合适的色彩。例如，某些色彩可能更受年轻用户的喜爱，而另一些色彩则可能更受成熟用户的青睐。通过深入研究这些数据，设计师可以更加精准地定位目标用户群体，为他们设计出更具吸引力的产品。

专业色卡及对色灯箱

8.2.3　自然环境和社会事件的影响

1. 自然环境的影响

2. 社会事件的影响

　　随着人们环境保护意识的提高，绿色和蓝色等自然色调逐渐在产品设计中占据主导地位。例如，在家居用品领域，越来越多的品牌开始采用绿色和蓝色的设计元素，以传达其对环保和可持续发展的承诺。这种趋势在电子产品和时尚服饰领域也表现得尤为明显。同时，季节更替、气候变化也会导致消费者色彩选择趋势的变化。

　　全球健康危机（如 COVID-19）确实对产品色彩趋势产生了显著影响。疫情改变了人们的生活方式、消费习惯和心理状态，进而影响了他们对产品色彩的偏好和选择。在疫情期间，人们更加关注健康、安全和卫生。这种关注反映在产品色彩上，表现为对清新、干净和舒适的色彩的偏好增加。例如，白色、浅蓝色和淡绿色等代表清洁、卫生和自然的色彩在家居用品、医疗设备和个人卫生产品等领域中变得尤为流行。

8.2.4 用户的生活方式

1. 健康与环保意识

2. 亲近自然的生活方式

3. 数字化的普及

4. 快节奏的生活

5. 个性化与多元化的表达

当代年轻人的生活方式对产品色彩趋势的影响是显而易见的，随着生活方式和观念的不断演变，人们对产品色彩的偏好也在发生变化。

（1）健康与环保意识：随着健康意识的提高，越来越多的消费者开始关注产品的环保属性。绿色、蓝色和棕色等自然色调在健康、环保和有机产品中广受欢迎，因为它们与大自然和生态紧密相连，能够传递出环保、健康和可持续发展的信息。

（2）亲近自然的生活方式：年轻人正逐渐对繁华喧嚣的都市生活感到厌倦，一股崇尚自然、亲近大地的生活潮流正悄然兴起。他们开始热衷于追求与大自然亲密无间的体验，如徒步穿越林间小径，与朋友享受露营的宁静与自由。这种生活方式不仅让他们在忙碌之余找到了一片心灵的净土，更让他们深刻体验到了大自然的魅力和生命的美好。

（3）数字化的普及：随着数字化和虚拟化技术的普及，人们的生活越来越离不开电子设备。简洁、清新的色彩能够给人带来更好的视觉体验，符合数字化时代对简洁、高效的追求。

（4）快节奏的生活：现代社会的快节奏生活给人们带来了很大的压力。这种背景下，人们更加倾向于选择能够带来放松和舒适感的色彩。温暖的色调如粉色、米色、柔和的灰色等能够营造出温馨、舒适的氛围。

（5）个性化与多元化的表达：在当代社会中，年轻人正积极追求个性化与多元化的表达方式。他们热衷于参加各类漫展，通过 cosplay 的方式，将自己心仪的动漫角色栩栩如生地呈现给大众，以此来展现自己的独特审美和对角色的热爱。

8.3　产品应用场景分析

　　应用场景涉及产品的使用环境，因此需要时刻关注，形成调查、研究机制，从而能够把握用户使用环境、生活形态、生活方式的发展趋势，更好地指导产品形象设计。在整体印象不变的前提下，进行产品功能、调性的细节调整，逐步迭代产品的风格。

　　经过对小家电在日常生活中的广泛应用的调研，我们将小家电的应用场景进行了更为有针对性的分类整理。以下是四个主要的小家电应用场景。

　　(1) 餐厨场景：在这个场景中，小家电的应用涵盖了从食材准备到烹饪完成的整个过程。例如，榨汁机、豆浆机、破壁机等设备帮助我们将食材转化为美味的饮品或料理；电饭煲、微波炉、电磁炉等则提供了多样化的烹饪方式，满足我们对不同食物的烹饪需求；此外，电冰箱、冰柜等储存设备则确保了食材的新鲜度和口感，让每一餐都充满新鲜与美味。

　　(2) 生活场景：生活场景中的小家电应用涵盖了家庭清洁、环境调节以及个人护理等多个方面。洗衣机、烘干机等设备帮助我们轻松应对衣物清洁问题；空调、电扇、取暖器等则为我们提供了舒适的室内环境；而空气净化器、加湿器等则有助于改善室内空气质量，保障我们的呼吸健康；此外，吹风机、剃须刀等个人护理设备也是我们日常生活中不可或缺的小家电。

　　(3) 办公场景：在办公场景中，小家电的应用主要集中在提高工作效率和改善工作环境上。计算机、打印机、扫描仪等设备帮助我们完成文档编辑、资料打印等日常工作；而智能插座、智能开关等设备则让我们能够远程控制办公室内的电器设备，实现智能化管理；此外，一些具有健康保护功能的办公小家电，如空气净化器、加湿器等，也有助于改善我们的工作环境，提升工作舒适度。

　　(4) 母婴场景：母婴场景中的小家电则主要关注婴儿和母亲的特殊需求。例如，婴儿辅食机、温奶器等设备帮助我们为婴儿准备营养丰富的辅食和温热的奶水；而吸奶器、消毒器等则有助于母亲在哺乳期间保持舒适和卫生；此外，一些具有安抚功能的小家电，如摇篮、玩具等，也有助于婴儿在成长过程中获得更好的照顾和陪伴。

8.3.1　餐厨场景

对应品类：厨房小家电 + 生活小家电

场景色彩

餐厨场景特征			
环境特征	**开放性**：开放式厨房	**简约性**：简约风格	**暖色系为主**：色彩倾向以暖色为主
环境功能	**涉及区域**：厨房、餐厅	**功能需求**：食品烹饪、饮水健康、食品保鲜	
使用需求特征			
烹饪需求	快速烹饪、多样化烹饪、健康饮食、简单易用、便于操作		
饮水需求	智能温控、纯净水质、节能健康		
清洁需求	易于清洁、易于餐后清洗、材料不易脏		
收纳需求	便于收纳、不突兀、与环境协调、节省空间、整洁有序		
附加需求	外观时尚、给人轻松愉悦的体验、带来心理安慰		

饮食环境状况与趋势分析

　　当今的青年群体，不论是独居还是与同龄人共享生活空间，大多数人都拥有属于自己的厨房。然而，在都市快节奏的生活背景下，尽管厨房的使用频率可能不高，但由于空间限制，这些厨房往往显得拥挤且杂乱。

　　展望未来，我们或许能预见一个趋势：更多的青年将倾向于选择餐厨一体化的家居设计。这种设计不仅能在不需要烹饪时最大化地利用原本厨房的空间，提供多功能的使用体验；而且，在需要下厨时，也能为多人提供更为宽敞的协作空间，使烹饪过程转变为一种与家人和朋友共同参与的、富有乐趣的休闲活动。

产品意向把控

产品特征意向描述

- 产品不仅在设计上体现出极致的空间优化特征，便于收纳，而且能够完美融入各种家居环境，实现与周围空间的和谐统一。
- 产品简洁而不失时尚的设计，成为现代家庭中的亮点。
- 注重产品的外观美感，每一款产品都能成为家居装饰的一部分。
- 秉持易于操作的原则，通过人性化的设计，让每一位用户都能轻松上手。
- 无论是简单的烹饪任务还是复杂的料理需求，我们的产品都能提供舒适的操作体验，让用户在享受美食的同时，也能感受到科技带来的便捷与乐趣。

产品具体意向描述

- **形态**：体积小，在保障产品容积的前提下节约空间，整体造型顺滑流畅。
- **色彩**：采用莫兰迪色系，营造低调的舒适感，与家庭室内环境协调，成为家居装饰的一部分。
- **材质与工艺**：在配合产品功能的基础上，采用易于清洁的光滑表面塑料为主（通用款），手柄、按键可以局部采用亚光金属，产品细节统一一致，传递出产品的精致感。

8.3.2 生活场景

对应品类：个护小家电 + 生活小家电

生活场景特征			
环境特征	**开放通透：**空间的通透性 **简约：**简约风格 **灵活：**灵活可变 **科技化：**智能化、科技化		
环境功能	**涉及区域：**客厅、卧室 **功能需求：**个人护理、环境调节、娱乐休闲		
使用需求特征			
功能需求	能够达到传统家电的功能目标、便于操作兼具智能化		
便捷需求	操作简便、快速高效、易于搬运（搬家携带）		
收纳需求	便于收纳、不突兀、与环境协调、节省空间、整洁有序		
环境调节	调节室内温度和空气流通、提供舒适的生活环境		
个性化	个人护理、娱乐休闲、符合个人使用习惯		

场景色彩

生活方式与趋势分析

当前青年群体居住环境中，休息区域、卫浴区域与社交区域往往相对独立。即使在合租环境中，青年人因为忙碌的工作与紧促的时间安排，大部分时间都不在家，社交活动也通常安排在公共场所，合租屋往往只作为休息区域。

而在后疫情时代，"泛家居化"成为重要的生活趋势，线上办公被更多人所接受，因此住所往往兼具办公空间职能。这一变化也导致人们居家时间增长，有更高意愿布置自己的房间，进而也更愿意邀请朋友在家中休闲与社交。

产品意向把控

产品特征意向描述

- 客厅的小家电应追求简洁大方的造型，色彩搭配应与家居风格相协调，彰显用户的生活品味。
- 细节处理同样重要，如按键设计、显示屏布局等，应体现出精致与质感，为用户带来愉悦的使用体验。
- 智能化与互动性是现代家电的重要特点。客厅的小家电应支持智能控制功能，如智能电视的语音控制、智能家居系统联动等，为用户提供更加便捷的使用体验；同时，空调、空气净化器等设备也应支持手机 APP 远程控制，实现智能化管理。
- 在外观设计上，卧室的小家电应采用简洁、温馨的风格，色彩柔和舒适，避免过于刺眼或鲜艳的颜色。造型小巧、线条流畅的产品更适合卧室空间，可为用户带来轻松愉悦的居住体验。

产品具体意向描述

- **形态**：体积小，在保障产品容积的前提下节约空间，整体造型顺滑流畅。整体形象干净整洁，采用简洁、温馨的风格，色彩柔和舒适，避免过于刺眼或鲜艳的颜色，与周围环境协调。
- **色彩**：采用莫兰迪色系，营造低调的舒适感，与家庭室内环境协调，成为家居装饰的一部分。
- **材质与工艺**：在配合产品功能的基础上，产品细节统一一致，传递出产品的精致感。

8.3.3　办公场景

对应品类：个护小家电 + 生活小家电

场景色彩

办公场景特征		
环境特征	**固定工位**：个人精致空间	**个性化**：个性化的办公空间装饰
色彩特征	**明亮**：明亮的办公空间	**色彩较单一**：办公空间色彩多以白色为主
使用需求特征		
功能需求	能够达到传统家电的功能、便于操作兼具智能化、没有噪声、不影响周围人	
便捷需求	操作简便、快速高效、易于搬运	
收纳需求	便于收纳、与环境协调、整洁有序、不会感觉刺眼	
附加需求	外观时尚、给人轻松愉悦的体验、带来心理安慰	
个性化	符合个人使用习惯	

办公空间状况与趋势分析

　　整体而言，当前大多办公环境比较偏中性化，布局紧凑，普通员工个人空间较小。

　　在未来，办公环境会更加人性化兼具灵活性。一方面，远程办公支持人们在家完成部分工作；另一方面，线下办公环境也会更注重社交化与协作化。一些人性化的企业也会更加关注空气质量、采光和视野、噪声控制、绿色环保等与员工身心健康密切相关的问题。

产品意向把控

产品特征意向描述

- 办公空间的小家电设计应注重外观的简洁大方，避免过于复杂或花哨的设计，以营造专业、整洁的办公环境。
- 产品的色彩和材质应与办公空间的整体色调相协调，确保整体美观性。
- 在细节处理上，如按键设计、显示屏布局等，应体现出精致和质感，以提升用户的使用体验。
- 在功能方面，办公空间的小家电设计需要特别考虑功率和噪声问题。为了避免对办公环境造成不必要的干扰，产品的功率应适中，不宜过大。同时，产品在使用过程中应避免产生过大的噪声，以免影响周围人的工作。
- 通过优化产品的设计和制造工艺，可以确保小家电在提供实用功能的同时，也具备良好的舒适性。

产品具体意向描述

- **形态**：体积小，在保障产品容积的前提下节约空间，整体造型顺滑流畅。整体形象干净整洁，采用简洁的风格，避免过于刺眼或鲜艳的颜色，与办公环境色彩协调。
- **色彩**：采用莫兰迪色系、中性色系，营造低调的舒适感，与办公环境协调，成为办公空间的装饰部分。
- **材质与工艺**：在配合产品功能的基础上，产品细节统一一致，传递出产品的精致感。

8.3.4　母婴场景

对应品类：个护小家电 + 生活小家电 + 婴童小家电

场景色彩

母婴场景特征		
环境特征	**鲜亮**：儿童空间活泼鲜亮	**简约**：简约风格
色彩特征	**明亮活泼**：明亮活泼的色彩是主流	**多元色彩**：空间色彩丰富、不拘泥于传统
使用需求特征		
功能需求	**能够达到传统家电的功能、便于操作兼具智能化**	
便捷需求	**操作简便、快速高效、易于搬运（搬家携带）**	
收纳需求	**便于收纳、不突兀、与环境协调、节省空间、整洁有序**	
附加需求	**外观时尚、给人轻松愉悦的体验、带来心理安慰**	
个性化	**符合个人使用习惯**	

母婴空间变化与趋势分析

　　母婴类产品使用场景较广，包括厨房客厅、卧室或育儿室等。就场景而言，母婴类产品 PI 风格可以与其他厨电或生活类电器保持一致，但是母婴产品的购买人群具有特殊性，主要面向沉浸在新生命诞生喜悦中的青年父母，且产品使用周期较短，因此造型风格可以更加可爱活泼。

　　当前，婴幼儿时期的孩子往往和父母同卧室，或由祖父母代为照顾。而未来，由于父母工作繁忙，许多婴儿会拥有属于自己的房间，由职业育婴师代为照顾。

产品意向把控

产品特征意向描述

- 安全性是婴童类小家电设计的重中之重。产品设计应避免锐利的边角和突出的部分，以减少宝宝受伤的可能性。此外，选择无毒、无味、环保的材料也是确保产品安全性的重要一环。
- 产品应具备明确且实用的功能，如奶瓶消毒器、温奶器、辅食机等，以满足母婴群体的日常需求。
- 产品的容量应适中，避免过大或过小造成的不便。
- 易于清洁的设计也是实用性不可或缺的一部分，采用可拆卸、易清洗的部件能大大降低清洁难度。
- 产品的外观设计应简洁大方、色彩柔和，符合母婴群体的审美需求。

产品具体意向描述

- **形态**：在保障产品容积的前提下节约空间，整体造型顺滑流畅。避免锐利的边角和突出的部分，以避免宝宝或宝妈在使用过程中受伤。
- **色彩**：母婴产品宜采用白色色系，应简洁大方、色彩柔和，可以考虑给产品加入具有童趣的活泼风格，符合母婴群体的审美需求。
- **材质与工艺**：在配合产品功能的基础上，产品细节统一一致，传递出产品的精致感。产品表面及结构要易于清洁。